El juego
de la física

Jordi Mazón

El juego de la física

El tablero, las fichas y las reglas del Universo

UNIVERSITAT DE
BARCELONA
Edicions

Colección
Catálisis

Universidad de Barcelona. Datos catalográficos

Mazón, Jordi, autor

El juego de la física : el tablero, las fichas y las reglas del Universo. – (Colección Catálisis)

Inclou bibliografia
ISBN 978-84-1050-215-4

I. Títol   II. Col·lecció: Colección Catálisis
1. Física   2. Educació secundària

© Edicions de la Universitat de Barcelona
Adolf Florensa, s/n
08028 Barcelona
Tel.: 934 035 430
www.edicions.ub.edu
comercial.edicions@ub.edu

Director de la colección y edición científica:
David Bueno

ISBN: 978-84-1050-215-4
Depósito legal: B-5528-2026
Impresión y encuadernación: Gráficas Rey

Sumario

Introducción

Para disfrutar de un juego, aparte de tener cierta habilidad y destreza, es necesario conocer el tablero, las fichas y las reglas del juego. Sin ese conocimiento, no podemos disfrutar del juego y pueden hacernos trampas sin que nos demos cuenta... De manera similar, no podemos apreciar ni saber realmente el funcionamiento de los fenómenos físicos que observamos y suceden a nuestro alrededor sin conocer el entorno en el que se producen, las escalas espaciales y temporales y, sobre todo, cuáles son las reglas que los rigen. Aprender física significa comprender el ámbito y la escala en que tienen lugar los fenómenos y cuáles son las reglas de la naturaleza para así poder entender la diversidad de fenómenos que ocurren en nuestro Universo.

Como si se tratara de un juego, este libro pretende mostrar el tablero, las fichas y las reglas de ese juego que es la física. El libro se estructura en cinco capítulos. En el capítulo 1 se describe qué es la física, cuáles son las distintas escalas de los fenómenos físicos, las magnitudes y las fichas de la partida. El capítulo 2 se centra en las fuerzas de la naturaleza y los principios de conservación. El capítulo 3 expone las principales teorías, las leyes, los principios y los efectos más importantes de la física. El capítulo 4 se focaliza en los experimentos clave de la historia de la física, lo que podríamos llamar las partidas maestras. El último capítulo habla de cómo la pseudofísica se apropia del lenguaje y malinterpreta, de manera intencionada o sin querer, algunas leyes y teorías para crear falsa física. Son las trampas del juego.

Con todo ese contenido, el lector puede hacerse una idea de los fundamentos de ese gran edificio que es la física: principios de conservación, principios, leyes, teorías y efectos (figura 1).

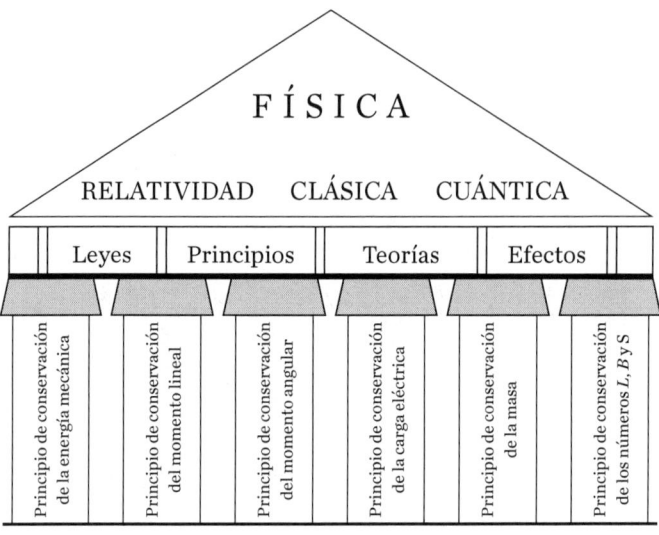

Figura 1. La física y los principios de conservación que la sustentan.

Una *teoría* es un conjunto de reglas y conceptos científicos que expresan las relaciones que existen entre las observaciones de un determinado fenómeno físico. Se construye para ajustarse a los datos de los que se dispone sobre esas observaciones; la teoría se plantea como un principio para explicar un determinado fenómeno: se basa en hipótesis que se han ido validando. Es importante remarcar que una teoría es un planteamiento sobre las reglas de un fenómeno experimental, cuya validez no se ha comprobado. Una teoría puede ser válida hoy, pero incompleta o errónea en el futuro si se realizan nuevos experimentos o se encuentran datos que así lo demuestran. Cuando se verifica y se tiene la seguridad de que es cierta, se convierte en ley.

Una *ley* es un conjunto de definiciones, proposiciones y conceptos científicos que están interrelacionados de manera constante e invariable y que presentan una perspectiva sistemática de los fenómenos. Las leyes pueden demostrarse comprobando las proposiciones en las que se fundamentan. Una ley es una teoría que ha demostrado ser verdadera y que no falla. Siempre que se deja caer una piedra, cae hacia el suelo y, por lo tanto, hablamos de la ley de la gravedad. Cuando aplicamos una fuerza sobre un objeto, este reacciona con una fuerza idéntica en sentido contrario y eso siempre es así: es la tercera ley de Newton.

Un *principio* es una ley física que se cumple y que sirve de base para un razonamiento amplio. Se considera una ley general que regula un determinado tipo de fenómeno físico. Entre los principios destacan los denominados *principios de conservación*, que son los fundamentos de la física, por los cuales determinadas magnitudes mantienen su valor constante en el tiempo. Es decir, antes y después de un determinado fenómeno, aunque haya tenido lugar un cambio físico, su valor global es el mismo, se mantiene constante. Saber cuáles son esas variables que se conservan es como una linterna en la oscuridad: nos permite tener una visión de lo que nos rodea.

Un *efecto* es el resultado que se obtiene como consecuencia de algún hecho después de una causa. Constituye un fenómeno que se genera por una causa determinada y que va acompañado de unas manifestaciones físicas puntuales.

Así pues, este libro trata de teorías, principios y principios de conservación, leyes y efectos de la física. Todos ellos sustentan juntos el Universo físico que conocemos.

JORDI MAZÓN

CAPÍTULO 1

El tablero y las fichas del juego: ¿qué es la física?

Para empezar a entender el mundo de la física, en primer lugar, es necesario saber cuál es su ámbito de estudio, cuál es exactamente el objetivo que se plantea y con qué herramientas cuenta. Esa es la finalidad del primer capítulo.

LA FÍSICA: CIENCIA DE LA EXPERIMENTACIÓN Y LA MEDICIÓN

En la enseñanza secundaria, los libros de ciencias se han agrupado típicamente en física y química, por un lado, y biología y geología, por otro. Esa agrupación clásica no es aleatoria, sino que responde a un criterio global bien definido. La física y la química tienen en común que son ciencias de la experimentación, mientras que la biología y la geología han sido históricamente ciencias de la observación (aunque desde hace décadas también lo son de la experimentación). Es decir, para avanzar en el conocimiento de la física y la química, es necesario, sobre todo, experimentar. A partir de los experimentos realizados y de la posterior observación y medición de magnitudes, el conocimiento sobre el mundo físico y químico que nos rodea se amplía. En biología y geología, históricamente no se llevaban a cabo experimentos: no podemos hacer que la placa tectónica euroasiática choque con la africana y ver cómo se forman las montañas. Basándonos en la observación de los pliegues de las montañas, las rocas o los sedimentos en distintas zonas, podemos construir una teoría y así ir avanzando en el conocimiento geológico y biológico del mundo que nos rodea. Lo mismo puede decirse de la biología clásica, aunque actualmente también sea una ciencia de la experimentación.

Por ello decimos que la física es una ciencia de la experimentación. Necesitamos llevar a cabo experimentos, observar su resultado y, sobre todo, medir *cosas* de manera objetiva. La medición es clave para cuantificar y para obtener, refutar y confirmar leyes, principios y teorías de la física.

En este libro no propondremos experimentos ni haremos medir nada. A lo largo de la historia, las distintas leyes, teorías y principios que han planteado los físicos han quedado confirmados a partir de los experimentos y de la medición de esas *cosas* (las magnitudes). Ese es el verdadero juego de la física: hacerse preguntas que relacionen magnitudes, llevar a cabo experimentos y medir esas magnitudes para construir así un conocimiento del mundo físico.

Necesitamos ver cuál es el tablero de juego de la física y qué fichas hay que usar. Una vez que tengamos eso claro, nos hará falta conocer las reglas del juego.

EL TABLERO DE JUEGO: EL ÁMBITO DE ESTUDIO DE LA FÍSICA

El objetivo de la física es dar respuestas al porqué de los fenómenos que ocurren a nuestro alrededor, en el Universo. Ese es, de hecho, el tablero de juego de la física, en el que sucede todo tipo de acontecimientos en una escala temporal y espacial muy amplia, que va desde un tamaño inferior al del núcleo atómico hasta dimensiones que incluyen galaxias e incluso el Universo entero; en el que los fenómenos duran desde menos de milésimas de segundo hasta eones y pueden producirse en un abanico que comprende desde velocidades extremadamente lentas hasta velocidades cercanas a la de la luz, un tope imposible de superar.

Seguramente, la física es, de entre todas las ciencias, la que tiene un alcance espacial y temporal mayor. Si nos fijamos en la escala espacial, la física estudia dimensiones tan pequeñas como las de las partículas subatómicas (interacciones entre cuarks de un orden de magnitud de 10^{-18} m) hasta las de las galaxias o del Universo entero (distancias superiores a 10^{22} m). Ninguna otra ciencia tiene una escala espacial tan amplia.

La escala temporal también es amplísima: desde fenómenos físicos con una duración inferior en millones de veces a las milésimas de segundo, como la desintegración del bosón de Higgs, estimada en 10^{-22} segundos, hasta fenómenos que ocurren en miles de millones de años, como la rotación de galaxias o la formación de estrellas y sistemas planetarios.

La tabla 1 muestra un esquema de la diversidad de escalas espaciotemporales que estudia la física.

$v \approx c$	Física cuántica relativista	Física relativista	Cosmología relativista
$v \ll c$	Física cuántica	Física clásica o newtoniana	Cosmología
Velocidad ／ **Tamaño**	**Partículas subatómicas - átomo** $10^{-18} - 10^{-10}$ **m**	**Microscópica - cotidiana** 10^{-8} **m** $- 10^{19}$ **m**	**Galaxia** 10^{20} **m**

Tabla 1. Alcance espaciotemporal de la física. La velocidad de la luz al vacío se representa con la letra c y equivale a $3 \cdot 10^8$ m/s.

La física que conocemos en nuestro día a día, la que podríamos calificar como física intuitiva, es la física clásica o newtoniana. Comprende los fenómenos que tienen lugar a unas velocidades muy inferiores a las de la luz y en unas escalas espaciales que están por encima del tamaño del átomo. Es la física que describieron matemáticamente físicos como Isaac

Newton con sus leyes en el siglo XVI y que otros científicos han ido desarrollando desde entonces.

Cuando los procesos físicos ocurren a velocidades cercanas a la de la luz, la física clásica deja de ser válida y entra en juego la física relativista, cuyo padre fue Albert Einstein, quien la desarrolló en unos trabajos cruciales que publicó en 1905 y 1912, correspondientes a las denominadas teoría especial y teoría general de la relatividad, respectivamente.

El tamaño de los fenómenos y procesos físicos que se estudian importa y la física clásica también deja de ser válida para unas dimensiones iguales o inferiores a las del átomo. La física cuántica, desarrollada a comienzos del siglo XX, es la que permite describir los fenómenos de esa pequeña escala espacial. La física clásica no es incorrecta en el ámbito de la relatividad o de la cuántica: simplemente, deja de ser válida, y entonces son la relatividad y la cuántica las que entran en juego. Tanto la relatividad como la cuántica reproducen la física newtoniana en los límites clásicos, es decir, en tamaños superiores a los del átomo y a velocidades muy inferiores a la de la luz en el vacío, respectivamente.

SISTEMAS DE REFERENCIA

Los cuerpos de nuestro alrededor se mueven: las hojas de los árboles caen, los pájaros vuelan, la Luna cambia de posición noche tras noche, los planetas cambian su posición en el cielo, el cabello y las uñas crecen, los continentes se desplazan, las nubes se forman, se mueven y se disipan, etcétera. Todo lo que hay en el Universo está en constante movimiento y el ser humano ha sentido desde siempre la necesidad de entender y describir ese movimiento. Determinar la posición de los objetos es el primer paso, imprescindible, para su estudio, y para ello es necesario fijar un origen a partir del cual puedan definirse las posiciones espaciales de los objetos. Es lo que en física se conoce como sistema de referencia.

No existe un único sistema de referencia sobre el que puedan situarse los objetos, sino que hay infinitos: los que defina cada observador. Por ejemplo, la posición de un avión y el movimiento que describe en el cielo vistos por un observador que está en reposo en tierra son muy distintos de los que verá otro observador que vaya en un tren que se mueve a una velocidad constante, un astronauta de la Estación Espacial Internacional que orbita la Tierra o un piloto de otro avión. Si dejamos caer una piedra desde la ventanilla de un tren que circula a gran velocidad y describimos el movimiento desde el suelo, veremos cómo traza una parábola, mientras que, si lo describimos desde la ventanilla, suponiendo que no haya fricción con el aire, veremos que cae verticalmente respecto a nosotros. Todo depende del sistema de referencia que utilicemos. Eso no es ningún problema, ya que existen relaciones matemáticas, denominadas transformaciones de Galileo, que permiten describir el movimiento de un objeto desde otro sistema de referencia que se mueve respecto al primero.

Desde un punto de vista más filosófico, históricamente se ha planteado la existencia de un sistema de referencia en reposo absoluto. El libro que el lector tiene en las manos está en reposo respecto a su punto de vista, pero, en cambio, se está moviendo respecto al sistema de referencia situado sobre el Sol. La Tierra rota sobre su eje a medida que se desplaza alrededor del Sol por la eclíptica. No obstante, el Sol tampoco está en reposo visto desde un sistema de referencia centrado en la galaxia, la cual se encuentra en rotación sobre su centro. Pero resulta que ese centro galáctico tampoco está en reposo, ya que gira alrededor de un grupo local de galaxias, que se desplazan con el Universo. El reposo absoluto no existe en el Universo: siempre hay un sistema de referencia en movimiento relativo.

La primera de las leyes de Newton establece, como se verá más adelante, que, si sobre un cuerpo no actúa ninguna fuerza, este seguirá moviéndose de manera indefinida en una trayectoria rectilínea con velocidad constante o bien estará en reposo, entendido como un estado sin velocidad. Einstein, con su teoría de la relatividad, confirmó que el reposo no existe, ya que, si un cuerpo está en reposo en un sistema de referencia, seguro que en otro un observador lo describirá en movimiento. Por lo tanto, los sistemas de referencia en reposo absoluto no existen.

Es interesante diferenciar los sistemas de referencia denominados inerciales de los no inerciales. Los primeros son sistemas de referencia en los que se cumplen las leyes de la física, y concretamente la primera ley de Newton, que ya se ha mencionado y que será objeto de análisis más adelante. Son sistemas de referencia no acelerados, es decir, o bien se encuentran en reposo respecto a otro, o bien siguen un movimiento rectilíneo y uniforme, con velocidad constante. Los sistemas no inerciales son los que están acelerados y, por lo tanto, no permiten verificar la primera ley de Newton. Para que las leyes de la física tengan sentido en esos sistemas no inerciales, hay que inventarse fuerzas que no existen, como la fuerza centrífuga o la fuerza que hace retroceder los objetos cuando el sistema de referencia acelera. Por ejemplo, cuando un coche acelera, los objetos tienden a moverse hacia atrás, pero, en realidad, no existe ninguna fuerza que los haga retroceder, sino que es el coche el que avanza. Es lo que también ocurre con la fuerza centrífuga, de la que hablaremos más adelante, que tampoco existe.

La Tierra es un sistema no inercial, ya que está en rotación continua, tanto sobre su propio eje como alrededor del Sol, y, por lo tanto, sobre nuestro planeta actúa constantemente una aceleración. Todos los sistemas de referencia sobre la Tierra son, por lo tanto, no inerciales. Podemos suponerlos inerciales cuando los definimos en los experimentos de laboratorio, como hizo Galileo al dejar caer objetos en planos inclinados, por ejemplo; pero no podemos considerarlos inerciales cuando tomamos la Tierra como un sistema de referencia en su conjunto y referenciamos las masas de aire que se desplazan por todo el planeta. Aparecen entonces fuerzas que tenemos que inventarnos.

LAS FICHAS DEL JUEGO, O LA ESTRUCTURA DE LA MATERIA (1):
EL ÁTOMO

El átomo está formado por un núcleo, donde se encuentran los protones y los neutrones, intensamente enlazados por la fuerza nuclear fuerte, y un enjambre de electrones que orbitan alrededor del núcleo. Seguro que ha visto más de una vez la típica representación del átomo como un núcleo formado por pequeñas esferas alrededor de las cuales giran en órbitas elípticas otras pequeñas esferas, los electrones. Sin embargo, esa representación contiene información que puede darnos una idea errónea de lo que es realmente el átomo, sobre todo en lo que respecta a sus dimensiones. Un átomo medio tiene una dimensión de 1 ángstrom (Å), una unidad que equivale a 10^{-10} m, es decir, 0,0000000001 m. Eso es el átomo incluyendo la nube de electrones que orbitan alrededor del núcleo, que, de hecho, es mucho más pequeño, de unos 10^{-4} Å, es decir, 10^{-14} m, y, por lo tanto, 10.000 veces menor que el átomo. Para hacernos una idea más cercana, supongamos que ampliamos el núcleo atómico a un tamaño de 1 m de diámetro. Entonces, la nube de electrones que orbitan alrededor de ese núcleo tendría unas dimensiones 10.000 veces mayores, es decir, unos 10.000 m: ¡10 km! Imaginemos que colocamos ese núcleo atómico de 1 m en pleno centro de la plaza de Catalunya de Barcelona. Los electrones estarían orbitando alrededor de ese núcleo en unos 5 km a la redonda, es decir, habría electrones desde el Besós hasta el Llobregat.

Teniendo en cuenta esas dimensiones reales del átomo, podemos hacernos una idea de que lo que realmente domina en un átomo no es la materia, sino el vacío, como ocurre en nuestro Sistema Solar y en el Universo.

MÁS FICHAS, O LA ESTRUCTURA DE LA MATERIA (2):
CUARKS, LEPTONES Y BOSONES

Hace unas décadas pensábamos que el átomo era la unidad más pequeña de la materia, pero hoy sabemos que no es así. Si vamos reduciendo una miga de pan y la hacemos cada vez más y más pequeña, habrá un momento en que llegaremos al átomo, y dividirlo nos costará mucho más. Durante muchos años, el átomo fue la estructura más pequeña de la materia y se consideraba que estaba formado por un núcleo donde se encontraban los protones y los neutrones, alrededor de los cuales orbitaba una nube de electrones. Sin embargo, a finales del siglo XIX y principios del XX, los físicos empezaron a experimentar con descargas eléctricas en gases de baja presión en el interior de campanas de vacío. Los resultados que obtuvieron abrieron las puertas a nuevos descubrimientos de partículas aún más pequeñas.

Actualmente existe el llamado modelo estándar, que clasifica todas las partículas que existen en la naturaleza. Este modelo se basa en una combinación de descubrimientos experimentales y resultados teóricos. El descubrimiento de los cuarks en 1977, el del cuark *top* en 1995, el de la partícula tau en 2001 y el del bosón de Higgs en 2012 han sido clave para consolidar este modelo, que en el ámbito teórico se inicia con la predicción del físico Paul Dirac en 1928 de la existencia de la antipartícula del electrón, el positrón, una partícula idéntica al electrón pero de carga opuesta (y otras propiedades, como el espín, el número bariónico y leptónico o la extrañeza, de las que hablaremos más adelante). En 1932 se descubrió experimentalmente el positrón en los rayos cósmicos. A partir de los años treinta, la física de partículas experimentó un gran avance: los físicos empezaron a provocar colisiones entre partículas y observaron que en su transcurso se liberaban muchas subpartículas. Teoría y experimentación iban juntas y poco a poco se fue construyendo un modelo que daba una explicación a esa multitud de nuevas partículas. El modelo estándar pone orden y cierta lógica en el zoológico de las partículas subatómicas. Según él, la materia que nos rodea está compuesta por tres tipos de partículas fundamentales, es decir, son indivisibles y forman la base de la materia: los leptones, los cuarks y las partículas de intercambio.

Los leptones engloban el electrón (e⁻), el muón (μ) y el tauón (τ), así como los neutrinos asociados, es decir, el neutrino electrónico, el neutrino muónico y el neutrino tauónico. A esas partículas hay que añadirles las antipartículas correspondientes. Los leptones son familia del electrón y se les asocia carga negativa (o positiva a las antipartículas correspondientes) y un número que llamamos leptónico, de valor +1.

Los cuarks forman el segundo grupo de partículas fundamentales de la naturaleza. La especulación sobre la existencia de los cuarks se remonta a años antes de su descubrimiento, entre 1967 y 1973. Al provocar colisiones a muy alta velocidad entre electrones y núcleos atómicos, surgió un conjunto de nuevas partículas. Existen seis tipos de cuarks y los seis anticuarks correspondientes. Se denominan *up* (u), *down* (d), *top* (t), *bottom* (b), *strange* (s) y *charm* (c). Sin embargo, los cuarks no se han encontrado nunca aislados y parece que no pueden existir en ese estado. Siempre están agrupados formando partículas más grandes. Cuando se combinan dos cuarks para formar una partícula, recibe el nombre de mesón. Cuando los cuarks que componen una partícula son tres, se llama barión. Así pues, los mesones y los bariones son las partículas formadas por los cuarks.

Las cargas de los cuarks son 2/3 o -1/3 parte de la del electrón, como muestra la tabla 2. Los anticuarks tienen carga opuesta a los cuarks correspondientes.

En el interior de un protón, por ejemplo, encontramos tres cuarks: dos *up* y uno *down* (se escribe uud). La carga de esa combinación es +1. Un neutrón está formado por tres cuarks, dos *down* y uno *up* (ddu), con una carga neta de 0. Protones y neutrones son, pues, dos tipos distintos de bariones.

Carga +2/3 e	Carga –1/3 e
u	d
c	s
t	b

Tabla 2. Cargas de los seis cuarks. La carga del electrón, e, tiene un valor de -1,6 · 10^{-19} culombios (C), una unidad de carga eléctrica.

Partículas como el kaón (K^0) están formadas por dos cuarks: uno *down* y uno *antistrange*. Son, por lo tanto, mesones. Hay partículas que están compuestas por cuarks y por bariones y/o mesones: son los hadrones. Los hadrones tienen la propiedad de interactuar con la denominada fuerza fuerte (de la que también hablaremos), a diferencia de los leptones, que son inmunes a ella.

Por último, las terceras partículas fundamentales que describe el modelo estándar son los bosones de intercambio. En 1935, el físico japonés Hideki Yukawa propuso que la fuerza entre dos partículas era transmitida por otras partículas que denominó bosones de intercambio. Las cuatro fuerzas fundamentales del Universo (nuclear débil, electromagnética, nuclear fuerte y gravitatoria, que veremos más adelante) tienen distinto alcance y naturaleza, precisamente por los diferentes bosones que realizan el intercambio. La masa del bosón establece el tipo de fuerza y de alcance. Así, por ejemplo, la gravitación está provocada por el gravitón (no descubierto aún); la fuerza nuclear débil, por los bosones W^-, W^+ y Z^0; la electromagnética, por fotones, y la nuclear fuerte, por gluones, los que, a su vez, son transmitidos por los denominados piones (π^+, π^-, π^0).

¿Y por qué se ha hecho tan famoso el bosón llamado de Higgs? ¿Por qué fue tan importante su descubrimiento experimental en 2012? El modelo estándar ha resultado un éxito porque ha conciliado los pronósticos teóricos con los experimentales. La teoría original predecía que los leptones y los cuarks deberían tener masa cero, lo cual no cuadra con la experimentación, ya que leptones como los electrones o los neutrinos, o partículas formadas por cuarks como los neutrones o los protones, tienen masa, la cual se ha podido incluso medir experimentalmente. A fin de resolver esa discrepancia, el físico Peter Higgs introdujo una teoría para explicar la masa de las partículas con un mecanismo llamado de Higgs que modificaba las ecuaciones del modelo estándar para incluir la masa de cuarks y leptones. Esa teoría pronosticaba la existencia de una partícula, un bosón mediador, conocido como bosón de Higgs. Con ese bosón, la teoría funcionaba. Sin embargo, había que detectarlo, y eso es lo que lograron los físicos del Gran Colisionador de Hadrones (Large Hadron Collider, LHC) del Centro Europeo para la Investigación Nuclear (CERN) de Ginebra en julio de 2012. Ese descubrimiento reforzó el modelo estándar de las partículas subatómicas.

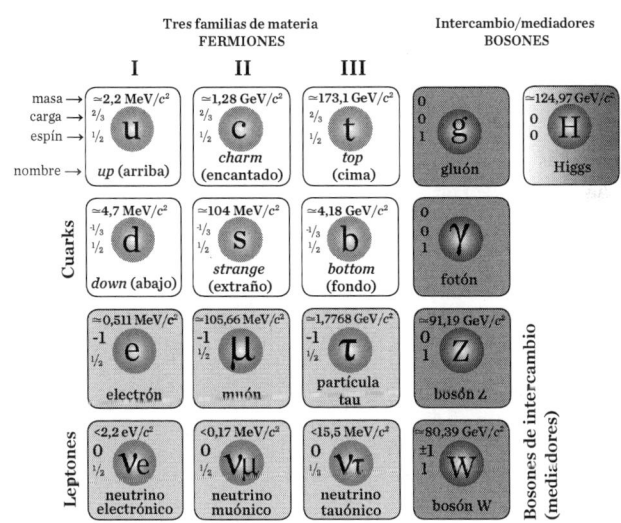

Figura 2. Esquema del modelo estándar de partículas elementales.

Por lo tanto, leptones, cuarks y bosones de intercambio son los tres grupos de partículas fundamentales que forman la materia y los cuerpos que nos rodean. La figura 2 muestra lo que podría ser la tabla periódica de la física de partículas, más fundamental todavía que la tabla periódica de la química.

CARACTERÍSTICAS DE LAS FICHAS, O LOS ESTADOS DE LA MATERIA

En esta primera parte del juego de la física, en la que se han definido las fichas (átomos y partículas subatómicas) y el tablero donde tienen lugar las jugadas (los sistemas de referencia y las distintas escalas temporales y espaciales), también necesitamos saber en qué estado podemos encontrar esas partículas en diferentes situaciones. Se sabe desde hace siglos que los átomos se enlazan para formar estructuras más grandes, las moléculas, que constituyen la materia que nos rodea. Según cuáles sean las condiciones de temperatura y presión, esas partículas forman compuestos en distintos estados: sólido, líquido, gas o plasma. Además de esos estados, también son posibles otros que no se encuentran de manera natural, sino que se han generado en el laboratorio. Son los denominados condensado de Bose-Einstein, condensado de Fermi, plasma de cuarks y gluones (quagma) y estado degenerado.

Los sólidos, líquidos y gases son los estados con los que estamos acostumbrados a tratar. Los cuerpos sólidos tienen una forma definida porque sus átomos están ordenados en una estructura, a veces formando cristales. Suelen ser materiales resistentes y presentan cierta oposición a que los deformen fuerzas externas. Los fluidos y los gases, en cambio, no tienen una forma definida, sino que adoptan la del recipiente que los contiene. Ejercen una presión sobre las partes de esos recipientes. Oponen una resistencia casi nula a la deformación por fuerzas externas. Son sustancias que fluyen, a diferencia de los sólidos, que no lo hacen. El estado de plasma corresponde a un gas cuyos átomos han perdido algunos de sus electrones y han quedado ionizados. Eso ocurre a temperaturas muy elevadas, como las que dominan en el interior de las estrellas o en una llama. Un estado de plasma es un gas, pero no formado por átomos, sino por átomos cargados eléctricamente, ya que han perdido o ganado electrones. Los gases en estado de plasma son excelentes conductores eléctricos y son muy sensibles a los campos magnéticos externos. El estado de plasma se puede encontrar en el interior de un tubo fluorescente, en las capas superiores de la atmósfera y en la corona de las estrellas, su parte más externa.

A esos cuatro estados, que podríamos calificar de naturales en el sentido de que los encontramos con relativa frecuencia en nuestro entorno, hay que añadir un conjunto de estados de la materia que han aparecido cuando los físicos han empezado a experimentar con valores extremos de presión y temperatura. Por ejemplo, la materia pasa a ser un condensado de Bose-Einstein cuando se enfría hasta valores cercanos al cero absoluto (-273 °C). Entonces, los electrones de los átomos bajan al nivel fundamental y se dice que el átomo se encuentra en el estado de mínima energía o estado fundamental. A temperatura ambiente, los electrones de los átomos están en distintos niveles de energía. Cuando la materia se enfría cerca del cero absoluto, todos los átomos descienden al nivel fundamental y podríamos decir que son todos idénticos, ya que están en el mismo estado de energía, y forman un condensado de Bose-Einstein. La materia en ese estado se vuelve superconductora y superfluida, es decir, no ofrece resistencia eléctrica y la fricción desaparece cuando se desplaza. Otra propiedad interesante de ese estado es que la velocidad de la luz se reduce a unos pocos metros por segundo. Las posibles aplicaciones de ese hecho sorprendente aún están en desarrollo.

El condensado de Fermi es otro de los estados de la materia que los físicos han podido crear en los laboratorios, también a temperaturas cercanas al cero absoluto. En este caso, un gas de fermiones pasa a un estado de fluidez a temperaturas cercanas al cero absoluto, a diferencia del gas de bosones del condensado de Bose-Einstein.

En el lado de las temperaturas extraordinariamente elevadas, como las que dominaban en las fracciones de segundo posteriores a la gran explosión (*big bang*) y hasta que el Universo se empezó a «enfriar», toda la materia se encontraba en un estado similar a un puré muy denso formado por cuarks y gluones, expandiéndose a velocidades cercanas a la de la luz. Ese es un estado distinto, que los físicos han llamado plasma de cuarks y gluones. Como las partículas fundamentales que forman ese plasma tienen mucha energía, las fuerzas atractivas entre ellas son muy inferiores a su energía, por lo que se mantienen independientes y se mueven libremente, con características de superfluidez. A medida que el Universo fue frenando su expansión, esas fuerzas empezaron a atraer a las partículas entre sí, de manera que ese plasma se rompió y se formaron partículas y los primeros átomos. Los físicos del CERN pudieron reproducir ese estado en los aceleradores en 2003 y 2005.

En el núcleo de algunas estrellas muy masivas, la presión extrema que se alcanza hace que los átomos se compriman tanto entre sí que los electrones salen de sus órbitas y se desplazan alrededor de los núcleos atómicos a velocidades muy elevadas, cercanas a la velocidad de la luz. El estado que se alcanza en esas condiciones se llama degenerado y es un estado más de los que son posibles en la naturaleza. Este estado ejerce una presión elevada que tiende a hacer estallar la estrella y contrarresta el colapso gravitatorio.

CARACTERÍSTICAS DE LAS FICHAS: LAS MAGNITUDES
Y LAS UNIDADES

Las *cosas* que se mencionaban al inicio del capítulo y que la física mide son las magnitudes. Una magnitud es todo lo que se puede medir de forma objetiva con un instrumento, por muy simple que sea. Es importante destacar que esa medición debe ser objetiva. ¡La belleza se puede medir, naturalmente!, pero no de manera objetiva, sino subjetiva, por lo que no es una magnitud (aunque haya quienes se dediquen a puntuar la belleza de las personas o de una obra de arte, ese hecho es subjetivo y no objetivo). La bondad también se puede medir, pero tampoco es posible hacerlo de forma objetiva ni con ningún instrumento. Lo que, para unas personas puede ser bueno, para otras quizá no lo sea y hasta puede ser malo. En cambio, la distancia se puede medir de manera objetiva: es una magnitud: diez metros son diez metros, al margen de quién realice la medición.

En física, hay dos tipos de magnitudes: las fundamentales y las derivadas o compuestas. Las primeras son las que no dependen de ninguna otra: son básicas. Podríamos equipararlas a las letras del alfabeto, a partir de las cuales se construyen las palabras. Las magnitudes fundamentales son la longitud o distancia, la masa, el tiempo, la intensidad eléctrica y la intensidad lumínica. A partir de la combinación de esas magnitudes se obtienen todas las demás, las denominadas compuestas. Por ejemplo, la velocidad es una distancia en el tiempo. La fuerza, la aceleración, la energía, etcétera, son todas magnitudes derivadas, resultado de la combinación de las fundamentales.

Así pues, las magnitudes se pueden medir de manera objetiva y se expresan en distintos sistemas de unidades. La magnitud distancia, por ejemplo, se puede expresar en metros, kilómetros, yardas, pies, pulgadas... El sistema internacional de medidas establece las unidades en las que deben expresarse las magnitudes fundamentales: el metro para la distancia, el kilogramo para la masa, el segundo para el tiempo, el amperio para la intensidad de la corriente eléctrica y la candela para la intensidad lumínica.

EL METRO, EL KILOGRAMO, EL SEGUNDO,
EL AMPERIO Y LA CANDELA

Una de las características fundamentales de las unidades del sistema internacional de medidas es que sean tan universales como sea posible, que tengan el mismo valor al margen de quién las utilice, de qué cultura o sociedad las emplee. Eso no es tarea fácil y el camino para lograr esa objetividad en las magnitudes fundamentales ha sido largo.

En el caso concreto del metro, la universalidad se consigue definiéndolo como la longitud que un rayo de luz recorre en el vacío en un tiempo de 1/299.792.458 segundos. Anteriormente, la Academia Francesa de las Ciencias inició en 1790 un ambicioso proyecto para medir con la máxima exactitud posible la distancia entre el polo y el ecuador, con el objetivo de proponer una definición lo más universal y precisa posible para la época. La tarea culminó el 26 de marzo de 1791, cuando la Academia estableció la unidad básica de medida de longitud, el metro, como la diezmillonésima parte de un cuarto del meridiano terrestre. A fin de conocer esa distancia, se puso en marcha una expedición para realizar una medición rigurosa del meridiano terrestre entre Dunkerque y Barcelona. Poco antes, con el objetivo de determinar la forma del globo terrestre, ya se habían medido otros meridianos, en Laponia y en Perú, pero, como temía que la deformación de la Tierra (achatada por los polos) introdujera errores de medida, la Academia decidió medir el meridiano de París alrededor de los 45° de latitud. Y una de las maneras más fáciles de lograrlo era medir el tramo entre Dunkerque (51°) y Barcelona (41°), del que ya se conocían resultados preliminares y donde había muchos vértices geodésicos para realizar las triangulaciones necesarias. El resultado de esa medición fue una barra de platino que se conserva en el Museo de Pesos y Medidas de París como referencia del metro.

En lo que respecta al segundo, la universalidad se logra definiéndolo como la duración de 9.192.631.770 oscilaciones de la onda emitida en la transición entre los dos niveles hiperfinos del estado fundamental del isótopo 133 del átomo de cesio a nivel del mar. Esa definición evita que aparezcan desfases del segundo provocados por causas astronómicas, como la ralentización en el movimiento de rotación y traslación de la Tierra, y evita ajustes en la unidad cada cierto tiempo, ya que el tiempo no es absoluto e invariable, sino relativo y cambiante, como describe la teoría especial y general de la relatividad.

El kilogramo también se definió de la manera más universal posible, en primer lugar, por parte de la Academia Francesa de las Ciencias, como la cantidad de sustancia contenida en un decímetro cúbico (equivalente a un litro) de agua destilada a una atmósfera de presión y a una temperatura de 3,98 °C. Esa es la temperatura a la que la densidad del agua es máxima. Más adelante, esa definición se modificó. Hasta hace bien poco, el kilogramo se definía como la masa de un prototipo cilíndrico circular de igual altura y diámetro, de 39 mm, compuesto por una mezcla de platino e iridio, que se encuentra a la Oficina Internacional de Pesos y Medidas, cerca de París. Sin embargo, en 2019 se cambió por la definición actual, que deja de basarse en la forma de un objeto para hacerlo en una constante de la naturaleza, la constante de Planck. Esa constante está relacionada con la energía de un fotón de luz electromagnética, como veremos más adelante. Para relacionar la constante de Planck con la masa de un objeto, es necesario usar una balanza de Watt o de Kibble. Esas balanzas tienen un funcionamiento similar a las tradicionales basadas en dos platillos donde, comparando pesos, se equilibran fuerzas, pero en uno de los platillos se proyecta una radiación electromagnética determinada, que ejerce una fuerza electromagnética determinada. El kilogramo queda definido entonces como la masa que, al pesarse en una balanza ideal de Kibble o de Watt, queda equilibrada con el valor de la constante de Planck para la energía incidente, es decir, $6,62607015 \cdot 10^{-34}$ J · s (un julio, o J, es la unidad de energía del sistema internacional).

El amperio es la unidad de la intensidad de la corriente eléctrica; es decir, cuantifica la cantidad de carga eléctrica (el número de electrones) que atraviesa una sección de un conductor cada segundo. Para definir esa unidad, hay que situar dos hilos conductores paralelos, muy largos, separados por un metro de distancia. Por esos hilos se hace circular una corriente eléctrica en el mismo sentido. Entonces, por efectos magnéticos, ambos hilos tienden a acercarse, debido a la aparición de una fuerza magnética denominada fuerza de Lorentz. Variando la intensidad de la corriente que circula por los hilos, cuando la fuerza de atracción entre los dos cables es de $2 \cdot 10^{-7}$ newtons (o N, la unidad de fuerza del sistema internacional), ambos transportan una intensidad eléctrica de 1 A. En esa situación, por el cable se mueven $6,24 \cdot 10^{18}$ partículas cargadas cada segundo. Para hacernos una idea de lo que eso significa, por un teléfono inteligente (*smartphone*) circula una intensidad de miliamperios (mA), y por los cables de una instalación doméstica, de amperios.

Finalmente, la candela es la última de las unidades fundamentales del sistema internacional y mide la intensidad luminosa en una dirección emitida por una fuente luminosa de radiación monocromática de una frecuencia de $540 \cdot 10^{12}$ hercios (o Hz, la unidad de frecuencia del sistema internacional) y de una intensidad energética de 1/638 vatios (o W, la unidad de potencia del sistema internacional) por estereorradián (que es una medida angular en un espacio tridimensional). Una vela emite aproximadamente 1 cd (candela), y una bombilla de 100 W, unas 120 cd.

CAPÍTULO 2

Las reglas del juego (1): fuerzas y principios de conservación

En el juego de la física, la primera evidencia es, seguramente, la existencia de fuerzas entre cuerpos. Nos caemos cuando tropezamos, saltan chispas cuando dos cables conectados a una batería se acercan, sabemos que existe la radiactividad y que el núcleo atómico es más duro de lo que pensamos. Las fuerzas del Universo actúan de manera constante y son las responsables fundamentales de que nuestro Universo sea como lo conocemos. La primera de las reglas del juego es, pues, conocer cuáles son las fuerzas del Universo y con qué y cómo actúan.

De todas las leyes, teorías, efectos y principios, los que resultan clave, como los pilares de un edificio, son los denominados principios de conservación. Este capítulo trata de las fuerzas y los principios de conservación. En el capítulo 3 analizaremos los otros principios que no son de conservación, las leyes, las teorías y los efectos. Podríamos decir que, si los principios de conservación son los pilares que sustentan el edificio de la física, el resto de los principios, leyes, teorías y efectos son las estructuras auxiliares del edificio.

LAS FUERZAS DEL UNIVERSO

Observando nuestro entorno, cabría pensar que hay una lista interminable de fuerzas que actúan sobre los cuerpos de nuestro alrededor. Sin embargo, en realidad, son solo cuatro las fuerzas que actúan en nuestro Universo, que son las responsables de todo lo que vemos. Esas fuerzas lo crean y lo destruyen todo, lo regulan todo, incluso nuestros pensamientos, sentimientos, sensaciones... Los principios, las leyes, las teorías y los efectos de la física son las consecuencias de esas cuatro fuerzas.

La fuerza de la gravedad es seguramente la más conocida de todas, ya que es la que sentimos cuando tropezamos y nos caemos al suelo, la que tienen que vencer los organismos cuando crecen... Solo la sienten los cuerpos que tienen masa y nunca los repele, sino que los atrae entre sí. Un rayo de luz o una onda de radio, por ejemplo, son insensibles a esa fuerza (desde un punto de vista clásico; ya veremos más adelante qué dice al respecto la teoría de la relatividad). Su ámbito de actuación es infinito, es decir, no desaparece nunca. Se atenúa con rapidez a medida que dos cuerpos se alejan, pero sigue actuando, débilmente, hasta el infinito. Es la fuerza más débil de todas y, aunque es la más común, también es la más incomprensible. Aún no sabemos cómo se transmite entre los cuerpos. En otras palabras, no sabemos cómo se produce la interacción entre los cuerpos, qué ocurre en ambos para que interactúen gravitatoriamente.

La fuerza electromagnética también es conocida por todos nosotros, en especial cuando notamos que los pelos se nos ponen de punta si les acercamos un globo electrificado, cuando vemos caer un rayo en una tormenta o cuando observamos la atracción de los materiales férricos por un imán. Si la fuente de la fuerza gravitatoria son las masas, la de la eléctrica son las cargas eléctricas, y la de la magnética, los imanes. No obstante, la magnética es una fuerza eléctrica que varía en el tiempo. Actúa también a largas distancias y lo hace hasta el infinito, pero, como la gravitatoria, disminuye rápidamente con la distancia. Los fotones son los mediadores, los que la transmiten entre las cargas.

La fuerza fuerte es la tercera de las fuerzas del Universo y, como su nombre indica, es la más fuerte de todas, pero actúa a unas distancias pequeñísimas, inferiores al diámetro de un protón, por debajo de los 10^{-15} m. En distancias superiores, los gluones (nombre que reciben los mediadores de esta fuerza) pierden eficacia y la intensidad de la fuerza fuerte es cero. Los protones del núcleo atómico tienen la misma carga y, por lo tanto, se repelen debido a la fuerza eléctrica que existe entre ellos. Sin embargo, gracias a la fuerza fuerte, se mantienen unidos.

Por último, encontramos la fuerza débil, que es la responsable de la desintegración radiactiva de los elementos. Los átomos se transforman en otros de manera espontánea y entonces emiten energía y partículas subatómicas. La fuerza débil es la que genera esa desintegración. Es la causa de que el núcleo de la Tierra esté caliente, ya que provoca la desintegración de los átomos de ciertas sustancias del interior terrestre que liberan energía en forma de calor. Es una fuerza de alcance muy corto, que solo actúa a escala del núcleo atómico.

La tabla 3 muestra un resumen de las fuerzas del Universo, su intensidad relativa, su mediador y el papel que tienen en el Universo.

LOS PRINCIPIOS DE CONSERVACIÓN: LINTERNAS EN LA OSCURIDAD

En física, un principio es una ley general que regula un determinado tipo de fenómeno físico. Hay multitud de principios en esta ciencia, pero son muy pocos los de conservación, que tienen una propiedad muy especial e interesante: establecen que una determinada magnitud medible de un sistema físico aislado no cambia a medida que ese sistema evoluciona en el tiempo. Son, en cierto modo, como los euros en un gran centro comercial.

Fuerza	Alcance	Intensidad relativa	Actúa sobre	Mediador	Papel en el Universo
Gravitación	∞	1	Partículas con masa	Gravitón	Movimiento de planetas, galaxias, mareas
Nuclear débil	10^{-18} m	10^{24}	Fermiones	W^+, W^-, Z^0	Desintegración de elementos
Electromagnética	∞	10^{35}	Partículas cargadas	Fotones	Ondas electromagnéticas, imanes, electricidad
Nuclear fuerte	10^{-15} m	10^{37}	Partículas con carga de color	π^+, π^-, π^0	Atracción del núcleo atómico, procesos de fusión

Tabla 3. Las fuerzas del Universo y algunas características que las definen.

Imaginemos que la cantidad de euros de que dispone un individuo es alguna de esas cantidades físicas. Pues los principios de conservación enuncian que la cantidad total de dinero del gran centro comercial se mantiene constante. Eso no significa que tenga siempre el mismo dinero, sino que lo va perdiendo a medida que pasa el tiempo, y se pasea por el centro comercial y los va gastando, mientras que otros (los tenderos) lo ganan. Puede entrar con 50 euros y salir con 10. Eso no quiere decir que los otros 40 euros hayan desaparecido, sino que los tiene otra persona; en este caso, los tenderos. Considerando el sistema físico aislado *centro comercial*, la cantidad de dinero inicial y final es la misma. No obstante, si nos fijamos en el individuo que al principio tenía 50 euros y ha acabado con 10, la cantidad de dinero no se ha mantenido constante. Se ha invertido para obtener bienes.

En la naturaleza, las magnitudes medibles que permanecen constantes en un sistema físico aislado (los euros con que entramos en un centro comercial) no son cualquier magnitud, sino unas muy concretas: masa, carga eléctrica, energía, momento lineal (también llamado cantidad de movimiento) y momento angular. Eso da lugar a los denominados principios de conservación de la masa, la carga, la energía mecánica y los momentos lineal y angular. Esos principios resultan clave para entender la física. Son las reglas fundamentales del juego, las cuales determinan si un proceso físico puede ocurrir o no. Pero no solo en la física, sino también en los procesos biológicos, químicos, geológicos... La conservación de esas magnitudes conlleva la formulación de reglas, leyes y efectos físicos. Hay que señalar que, en el mundo atómico, determinados números vinculados a determinados tipos de partículas subatómicas también se conservan.

La existencia de principios de conservación ha sido clave para la construcción de la física. En un mundo lleno de magnitudes medibles, que haya algunas que se conserven en el tiempo en los múltiples procesos físicos es como llegar a la roca madre sobre la que se levantan los cimientos de un edificio. Esos principios de conservación hacen que la física clásica sea determinista, es decir, que sea posible predecir el comportamiento macroscópico de un sistema físico. Los eclipses, el tiempo atmosférico, las trayectorias de proyectiles, etcétera, se pueden predecir gracias, sobre todo, a los principios de conservación.

La magnitud física que se conserva ni se crea ni se destruye, sino que se transforma. Son como puntos de luz en el mundo de la física que nos permiten entender las claves de los procesos físicos. Veámoslos.

PRINCIPIO DE CONSERVACIÓN DE LA MASA

Este principio establece que, en un sistema físico cerrado a todos los flujos de energía y materia, la masa de ese sistema permanece constante con el paso del tiempo; es decir, la masa total del sistema no puede aumentar ni disminuir o, dicho de otro modo, ni se crea ni se destruye, sino que se transforma. El primero en poner de manifiesto ese hecho fue Antoine

Laurent Lavoisier en 1789 al observar que la masa total de los productos obtenidos en una reacción química era la misma que la de los reactivos.

Hay muchos ejemplos en los que se pone de manifiesto este principio. Por ejemplo, cuando llenamos el depósito de gasolina de la moto, esta tiene en conjunto una masa superior a la que tendrá cuando hayamos recorrido una cierta distancia y el depósito se haya vaciado. Cuando nos quedamos sin gasolina, la masa de la moto es menor que cuando tenía el depósito lleno. ¿Dónde ha ido la masa de la gasolina? Esta continúa siendo la misma, pero se ha transformado en gases como resultado de la combustión. Si pudiéramos cuantificar la masa de los gases liberados en la combustión, comprobaríamos que es la misma que la de la gasolina líquida (si no tenemos en cuenta la combinación química de los gases emitidos en la combustión con los gases atmosféricos, como el oxígeno).

La primera regla del juego que es el principio de conservación de la masa incluye una regla adicional que se hace necesaria cuando dejamos la física clásica y nos adentramos en la relativista. La masa de un sistema aislado continúa siendo siempre constante, pero puede reorganizarse en el espacio, cambiar de forma y convertirse en energía. Eso ocurre, por ejemplo, cuando un haz de radiación electromagnética de alta energía se transforma en partículas, o bien cuando la masa de algunas partículas se convierte en energía, como sucede en las reacciones nucleares. La regla adicional se llama principio de equivalencia masa-energía (véase capítulo 3). Básicamente, este principio dice que la conservación de la masa es equivalente a la conservación de la energía. O, en otras palabras, que la masa y la energía son distintas manifestaciones de una misma cosa, de manera que, cuando hablamos de conservación de la masa, tenemos que incluir también la conservación de la energía, ya que masa y energía son lo mismo.

Defecto de masa

Consideremos una reacción nuclear bien conocida: la de fisión nuclear. Un núcleo de uranio está formado por 235 neutrones y protones, lo que se denomina número másico. Cuando el uranio de número másico 235 (U-235) capta un neutrón, se transforma en uranio de número másico 236, que es inestable y se desintegra y se transforma en dos núcleos, uno de criptón 92 y uno de bario 141, y tres neutrones. La reacción se escribe de este modo:

$$^{236}U \longrightarrow {}^{141}Ba + {}^{92}Kr + 3n + \text{energía}$$

La masa se conserva en todos los procesos físicos. Así pues, la masa de los reactivos iniciales, en este caso el uranio 236, y de los productos finales, el bario 141, el criptón 92 y los tres neutrones, debería ser la misma. No obstante, si lo comprobamos, veremos que no es así. Hay una diferencia minúscula entre la masa de los reactivos y la de los productos de la reacción. Advirtamos que, en cambio, el número de neutrones y protones antes y después de la reacción sí es el mismo. Esa diferencia de masa es lo que en física nuclear se llama defecto de masa. La masa se sigue conservando, tal como sostiene el principio de conservación. Lo que sucede es que una parte se ha transformado en energía, que en este caso proviene de la energía que mantenía enlazados los protones y neutrones del núcleo atómico, tal como predijo Einstein en su teoría de la relatividad (lo veremos al capítulo 3) y cuantificó con su conocida ecuación $E = m \cdot c^2$. Esta expresión indica que una determinada cantidad de masa, m, puede transformarse en energía, E, y el valor de esta es el producto de la masa por la velocidad de la luz al cuadrado (es decir, $3 \cdot 10^8$ m/s, un total de $c^2 = 9 \cdot 10^{16}$ m^2/s^2). El resultado es una cantidad increíblemente grande de energía, aunque la masa sea muy pequeña. La energía que se transforma en la reacción de fisión no es la de la masa de todo el núcleo de uranio, sino la diferencia de masa entre el inicio y el final (Δm), motivo por el cual esta ecuación de Einstein suele escribirse $E = \Delta m \cdot c^2$, donde el símbolo Δ indica precisamente esa diferencia de masa (Δm).

Veámoslo con más detenimiento. Como decíamos, el uranio 235 se vuelve inestable al capturar un protón; entonces, ese núcleo se rompe y se divide en dos núcleos, uno de criptón 89 con una masa de 83,798 u (u es la unidad de masa atómica) y uno de bario 144 con una masa de 137,327 u, y dos protones, cada uno con una masa de 1,00792 u. Como la masa se conserva, la masa inicial de uranio 235 y la del protón que captura, en total 236,051869 u, deberían ser la misma que la suma de las masas atómicas del criptón, el bario y los dos núcleos de hidrógeno liberados. Pero no es así, sino que es ligeramente inferior. Aparece un defecto de masa, de alrededor de 12,91 u. Esa masa no ha desaparecido, sino que se ha transformado en energía. Es una gran cantidad de energía, aunque se trate un defecto de masa muy pequeño, ya que, según la ecuación de Einstein, ese defecto se multiplica por la velocidad de la luz al cuadrado. Así pues, la fisión de un kilogramo de uranio libera una energía de unos 77 TJ (1 TJ son 10^{12} J de energía, un millón de millones de julios), unas 1.800.000 veces mayor que la energía que se libera al quemar 1 kg de gasolina.

En las centrales nucleares, las reacciones nucleares se inician con una cierta cantidad de átomos (una cierta cantidad de energía en forma de átomos, de masa) y terminan con un conjunto distinto de átomos más una energía liberada. Cuanto mayor sea la diferencia entre las masas iniciales y finales de la reacción, mayor es la energía liberada en ella. El principio de conservación de la energía, y de la masa, se cumple estrictamente en las reacciones nucleares. La masa es una forma de energía y, por lo tanto, no se puede crear ni destruir, del mismo modo que no se puede crear ni destruir energía.

Energía y masa son equivalentes. La masa se conserva en todos los procesos físicos cerrados; a veces se puede transformar en energía, una forma distinta de la masa.

PRINCIPIO DE CONSERVACIÓN DE LA CARGA ELÉCTRICA

Una de las propiedades intrínsecas de la materia es la carga eléctrica. Cualquier cuerpo de nuestro Universo también tiene, además de masa, carga eléctrica, que proviene de las partículas subatómicas del interior del átomo. A los electrones que orbitan alrededor del núcleo atómico se les asigna la unidad de carga negativa, mientras que a los protones se les asigna la unidad de carga positiva. El electrón es una partícula fundamental, indivisible, pero los protones están formados por partículas aún menores, los cuarks, que tienen fracciones de carga eléctrica $\pm 1/3$ y $\pm 2/3$. El interior de un protón está compuesto por tres cuarks, dos del tipo *up* y uno del tipo *down*, como hemos visto en el capítulo 1, con cargas respectivas +2/3 y -1/3, que arrojan un resultado global de +1 (+2/3 + 2/3 – 1/3 = +1).

A una escala superior a la del átomo, la carga eléctrica de un cuerpo es la suma de las cargas eléctricas de cada uno de sus constituyentes mínimos, es decir, la carga de las moléculas, o átomos. Cuando un objeto tiene el mismo número de electrones que de protones, se dice que su carga eléctrica es neutra. Si tiene más electrones, se dice que su carga es negativa; si tiene menos electrones, su carga eléctrica es positiva. Hay que señalar que son los electrones los que configuran la carga global de un cuerpo, ya sea sustrayendo o añadiendo electrones al átomo, porque los protones están altamente protegidos por la nube electrónica y estrechamente unidos entre sí por la fuerza fuerte, la más intensa de las que existen en el Universo.

El principio de conservación de la carga eléctrica establece que la carga eléctrica ni se crea ni se destruye en sistemas aislados; se mantiene constante en los procesos físicos. Cuando un cuerpo se electriza, es debido a una transferencia de carga de un lugar a otro, pero lo que pierde un cuerpo es lo que recibe el otro, de modo que globalmente no ha habido variación de carga. Hasta el momento actual no se ha observado la creación o destrucción de carga eléctrica. Pueden aparecer cargas eléctricas donde no las había, pero siempre ocurrirá manteniendo constante el número de cargas total de un sistema.

Cuantización de la carga

Un cuerpo cargado eléctricamente tiene un exceso o un déficit en el número de electrones. Por lo tanto, la carga del cuerpo siempre es un número entero de la carga del electrón. El electrón es una partícula fundamental, es decir, no está compuesta de otras partículas, sino que ella misma es una unidad. El electrón constituye la unidad de carga eléctrica y no se puede dividir en fracciones. Así pues, un electrón está cargado con la mínima e indivisible unidad de carga eléctrica y cualquier cuerpo macroscópico cargado siempre tendrá un número entero de veces la carga de un electrón. Se dice que la materia está cuantizada y la mínima parte es la carga del electrón (o el protón, si la carga es positiva). Es decir, cualquier cuerpo cargado de nuestro entorno contiene una carga total que es un número entero de veces la carga de un electrón. Sin embargo, esa cuantización no es del todo válida en las partículas subatómicas. Las partículas del interior del núcleo atómico, los cuarks, tienen una carga eléctrica que es $1/3$ y $2/3$ veces la del electrón. No obstante, nunca se han encontrado cuarks aislados en la naturaleza, sino que la combinación de los tres cuarks que forman el protón da un número entero de veces la carga del electrón.

PRINCIPIO DE CONSERVACIÓN DE LA ENERGÍA

Bajo la palabra «energía» se esconde buena parte de nuestra ignorancia al intentar entender una de las reglas fundamentales de la física: el principio de conservación de la energía. El concepto de energía es, seguramente, uno de los menos claros de la física. Intuimos cuándo un cuerpo tiene mucha o poca, pero profundizar en ese concepto es muy complicado. Podemos simplificarlo atribuyendo energía a los cuerpos que tienen la capacidad de realizar un trabajo físico, es decir, de cambiar su velocidad o de modificar su capacidad de realizar un desplazamiento.

Puede parecer que hay muchos tipos de energía: eólica, atómica, fotovoltaica, térmica, positiva, telúrica, cósmica..., pero en el fondo solo existen dos: la cinética, asociada a la velocidad de un objeto, y la potencial, la que tiene acumulada un cuerpo y que en un determinado momento puede transformar en movimiento.

Conservación de la energía

Si nos comemos cinco plátanos, es posible que tengamos suficiente energía para nadar durante un rato. Eso es así porque nuestro organismo puede transformar un tipo de energía (el azúcar y las proteínas de los alimentos) en otro tipo de energía, la velocidad. Los coches actúan de forma similar. Son máquinas que pueden transformar en velocidad la energía acumulada en la gasolina y generar movimiento. Estos son dos ejemplos de los muchos que podríamos encontrar que siguen una regla importante de la física: la conservación de la energía mecánica. En un sistema cerrado, la cantidad total de energía mecánica es constante; no se puede crear más energía ni eliminar la que hay; pero sí se puede transformar de un tipo en otro, siempre manteniendo constante su cantidad total.

El principio de conservación de la energía es más común de lo que cabría pensar; lo podríamos simplificar con expresiones del estilo de «si quieres algo, tendrás que trabajar para conseguirlo, nadie regala nada», o «si quieres gastar más dinero en viajes, tendrás que reducir el ocio, porque el sueldo no cambia». James Prescott Joule fue de los primeros que comprobaron experimentalmente el principio de conservación de la energía mecánica. Demostró que el calor es una forma de energía construyendo un ingenioso dispositivo (véase en los experimentos clave de la historia de la física, en el capítulo 4).

Podemos visualizar el principio de conservación de la energía mecánica mediante el consumo de un coche con el depósito lleno de gasolina como ejemplo de sistema cerrado. Toda la energía disponible se encuentra en el depósito del vehículo. Cuando ponemos el motor en marcha, la gasolina entra en el motor y se produce una combustión: se rompen los enlaces de los hidrocarburos y la energía acumulada en ellos se transforma en energía calorífica y en cinética del aire, que expande los pistones del cilindro. La energía de los pistones mueve el eje de las ruedas y estas comienzan a girar. El vehículo empieza a moverse por la carretera y adquiere energía cinética. Si el motor tuviera una eficiencia del 100%, toda la energía química acumulada en la gasolina se transformaría en cinética. Sin embargo, los motores de explosión no son muy eficaces. Una parte de la energía proveniente de la gasolina se transforma en calor, producido en las zonas de rozamiento entre las distintas piezas del motor y los engranajes; otra parte se emplea en mover las moléculas del aire: el ruido, que hace vibrar nuestros tímpanos; cuando el coche empieza a rodar, parte de la energía se invierte en retirar las partículas del aire que tiene delante, las cuales ofrecen resistencia a su avance; en definitiva, solo una parte de la energía inicial acumulada en la gasolina, alrededor del 15%, se transforma en energía cinética que mueve el coche; el resto se ha convertido en otros tipos de energía. Sin embargo, en conjunto, las energías transformadas en distintos tipos, sumadas, son exactamente la misma cantidad de energía que tenía la gasolina antes de entrar en el motor.

El principio de conservación de la energía afirma que la energía ni se crea ni se destruye, se transforma. La energía del Sol no se crea, sino que se transforma a partir de procesos nucleares de fusión. El hidrógeno, el elemento más abundante en una estrella como la nuestra, se está fusionando constantemente, de manera que dos núcleos de hidrógeno, sometidos a una presión y temperatura elevadas, son capaces de vencer la repulsión electrostática y unirse fuertemente para formar un núcleo de helio. En ese proceso, una parte de la masa de los núcleos de hidrógeno se transforma en energía. Una de las conclusiones de la teoría de la relatividad de Einstein es que la masa y la energía son equivalentes, que la masa no es más que un estado de la energía. Así, la masa de dos átomos de hidrógeno por separado es distinta de la masa de un átomo de helio (formado por la unión de dos átomos de hidrógeno). El déficit de masa existente entre los dos núcleos de hidrógeno por separado y los dos núcleos de hidrógeno unidos que forman el núcleo de helio es la energía transformada, la que llega a la Tierra, y, una vez allí, es la responsable de mover el aire, lo que genera energía eólica, y de hacer que crezcan plantas, la base de la alimentación de otros seres.

Y la energía para unir los átomos de hidrógeno, ¿de dónde proviene? Edwin Hubble descubrió el corrimiento al rojo del espectro de la luz de las galaxias que se encuentran en nuestro entorno visual (véase la ley de Hubble en el capítulo 3). En la década de 1920, el astrofísico Edwin Hubble midió un corrimiento al rojo en el espectro de las galaxias que rodean la nuestra, hecho que atribuyó al efecto Doppler (véase capítulo 3) de la luz al alejarse del observador. Todas las galaxias observables desde la Tierra mostraban ese corrimiento espectral al rojo, lo que indicaba que todas las galaxias se alejan. Si lo hacen, significa que en el pasado estaban más juntas y, yendo muy atrás en el tiempo, tendría que haber un momento inicial en el que estaban unidas. Ese primer instante en el que todas las galaxias, y de hecho todo el Universo, se encontraban concentrados en un punto es la base de la teoría del *big bang*, de la gran explosión. Hubo un momento en el que todo el Universo estaba concentrado en un punto; en ese punto se encuentra la energía inicial. La explosión y la expansión posterior de esa energía acabaron formando, mediante procesos complejos, la diversidad de cuerpos celestes que hoy conocemos, entre ellos, el Sol y la Tierra.

La energía que permite la unión de los núcleos de hidrógeno para formar núcleos de helio proviene, pues, de la energía primordial de la gran explosión; de hecho, toda la energía actual del Universo, la cual se ha ido transformando, proviene del *big bang*.

Degradación de la energía

El principio de conservación de la energía y la transformación de la energía en diversos tipos son la base de una realidad a menudo dramática, causa de conflictos entre los seres vivos, y no solo entre los humanos, sino también entre el resto de las especies animales y vegetales que habitan el planeta. Los animales obtenemos la energía para vivir a partir de la ruptura de los enlaces químicos de los alimentos que ingerimos. Necesitamos esa energía para movernos, para propiciar las reacciones bioquímicas imprescindibles para que el organismo desarrolle sus funciones. Esa energía se transforma, por ejemplo, en energía cinética de la sangre, en calor basal que se degrada hacia el entorno y que, por lo tanto, hay que mantener internamente, en energía para tensar y destensar los músculos, etcétera. La energía transformada es imposible de recuperar, razón por la cual conviene, periódicamente, obtener nueva energía que reemplace la degradada a través de las funciones biológicas básicas. Y es aquí donde empiezan los problemas en los sistemas vivos: entre humanos, entre humanos y animales, entre animales y vegetales, entre humanos y vegetales... A lo largo de la historia, los humanos nos hemos peleado por aspectos relacionados con la comida: conseguir tierras fértiles y zonas con agua para poder tener una buena producción agrícola y ganadera, etcétera. Llenar el estómago periódicamente para garantizar la energía necesaria para vivir y sobrevivir ha generado buena parte de los conflictos entre los humanos. Y entre los animales. Seguro que la gacela viviría más tranquila si supiera que el león no necesita ingerir carne de manera periódica para recuperarse energéticamente. El pez pequeño viviría más tranquilo si el pez grande no necesitara reponer la energía degradada (transformada) en sus distintos procesos biológicos internos. Y también hay conflictos entre los vegetales, que tienen que competir entre sí para captar la energía del Sol y transformarla a través de la fotosíntesis sin que el vecino les haga sombra.

La transformación de la energía mecánica, su degradación, comporta la inexistencia de movimientos perpetuos. A pesar del tiempo y del dinero que se han invertido a lo largo de la historia para inventar y construir máquinas que mantuvieran el movimiento por sí solas y para siempre, sin ayuda de energía externa, no se ha conseguido. Porque no es posible. Algunos de esos artefactos han logrado mantener un movimiento constante durante un tiempo breve, pero, con el paso de los minutos, la energía se transforma en calor y rozamiento, por lo que el movimiento se va frenando muy lentamente y se requiere energía externa para mantenerlo. Ningún mecanismo logrará que un movimiento sea perpetuo, ya que la energía siempre se transforma en fricción, calor, ruido, etcétera, por lo que el movimiento, más o menos lentamente, se acabará deteniendo y habrá que aportar más energía.

Transformaciones en doble sentido

Según el principio de conservación de la masa, tal como ya hemos visto, la masa se puede transformar en energía. Sin embargo, ¿puede la energía convertirse en masa? La respuesta es sí: como masa y energía son una manifestación distinta de una misma *cosa*, una determinada cantidad de energía se puede transformar en masa. De hecho, se cree que ese es el origen de la materia en el Universo. En los primeros instantes de su existencia, después del *big bang*, parte de la energía se «fijó» en masa, que es la que hoy observamos en nuestro entorno. Ese hecho se ha comprobado en los grandes aceleradores de partículas del planeta y se ha obtenido materia a partir de energía. No obstante, la transformación de energía en masa comporta la formación de partículas (masa) y antipartículas, que, cuando entran en contacto, se aniquilan rápidamente. A partir de un rayo de energía muy intensa, como los rayos gamma, se ha observado la transformación de la energía en un electrón y su antipartícula, el positrón, los cuales enseguida se aniquilan y vuelven a transformarse en energía. Eso representa un serio problema para la obtención de masa a partir de energía. Pero no es el único. El otro gran problema para la conversión de energía en masa, en el caso de los humanos, es la enorme cantidad de energía necesaria para obtener un solo gramo de masa. Hoy en día, no existe ninguna manera de disponer de tanta cantidad de energía para liberarla de golpe y conseguir siquiera un gramo de masa.

Principio de conservación del momento lineal

En muchos procesos físicos es necesario cuantificar la cantidad de movimiento que tiene una masa. Esa cantidad de movimiento de una masa se cuantifica mediante una magnitud que se llama momento lineal. Todos los cuerpos tienen masa y, cuando se mueven, adquieren la propiedad denominada momento lineal, que depende de dos magnitudes: la masa, es decir, cuántos kilogramos se mueven, y la velocidad, es decir, con qué rapidez lo hacen.

El momento lineal es un vector; es decir, además del valor numérico que define la magnitud del momento que tiene un objeto, hay que definir su dirección y sentido. Para describir completamente el momento de una bola de bolos de 2 kg que se mueve a 3 m/s, no basta con decir que tiene un momento de 6 kg · m/s, sino que tenemos que indicar su dirección y sentido.

Un hecho relevante, una vez más incluso sorprendente, es que el momento lineal total del conjunto de las partículas que forman un sistema aislado se mantiene constante, no varía en el tiempo. Es lo que llamamos principio de conservación del momento lineal: el momento lineal antes y después de determinados procesos físicos es el mismo, no cambia.

Por ejemplo, cuando dos partículas chocan, el momento previo y posterior al choque del conjunto de las partículas es el mismo. Eso no significa que cada partícula tenga siempre el mismo valor de momento, sino que el conjunto, la suma del momento total, es el mismo. Una partícula puede transmitir momento a otra y esta puede ganarlo o perderlo. Sin embargo, el conjunto de las dos partículas, el momento, es el mismo.

Hagamos una analogía y asociemos el momento lineal a la cantidad de dinero que tienen dos amigos: por ejemplo, Quim y Pedro. Supongamos que los dos tienen 20 euros en los bolsillos, Pedro, 15 euros, y Quim, 5. Forman un sistema aislado, es decir, no hay amigos externos ni ningún banco que les suministre dinero o se lo saque de los bolsillos. En total, tienen 20 euros. Pero, por asuntos suyos, Pedro le da 5 euros a Quim, de manera que el primero pierde riqueza económica y el segundo la gana, si bien el conjunto se mantiene constante. Pedro pierde 5 por transferencia a Quim y este gana 5. Aunque individualmente su riqueza ha variado, la riqueza global se ha mantenido constante en el tiempo, no ha cambiado, ya que continúa siendo de 20 euros. En el mundo de la física, la riqueza de Pedro y Quim representa el momento lineal, es decir, partículas que se desplazan a una cierta velocidad. Al igual que la riqueza global que suman Pedro y Quim se mantiene cuando interactúan (y siempre que no intervengan agentes externos), pero no lo hace la que cada uno tiene individualmente, en la física, el momento lineal total de un sistema de partículas se mantiene constante en los sistemas aislados, pero no en los individuales, donde puede aumentar o disminuir por transferencia de momento entre las partículas.

Este principio está detrás de muchos fenómenos y efectos físicos de nuestro alrededor. Por ejemplo, el salto que da un grano de maíz antes de convertirse en palomita. Cuando ese grano se coloca en el fondo de una cazuela y se calienta, su momento lineal es cero, ya que inicialmente no tiene velocidad. El agua del interior del grano, que se encuentra diseminada por sus poros, se va calentando hasta que empieza a hervir y se transforma en vapor. Entonces, su volumen aumenta unas 1.700 veces respecto al del agua líquida. La presión que ejerce ese vapor lo hace salir por algún punto del grano a una elevada velocidad. El vapor es un conjunto de partículas de agua en estado gaseoso que adquieren gran velocidad, es decir, tienen momento lineal. Supongamos que esa rendija por la que sale el vapor a una elevada velocidad se encuentra en el lado derecho del grano. Entonces, para compensar el momento de las moléculas de vapor que salen disparadas hacia la derecha, aparece sobre el grano un momento que debe compensar el del vapor y, globalmente, el momento debe ser cero. Eso hace que el grano salte hacia la izquierda a una velocidad tal que el producto de la masa por la velocidad (el momento lineal) sea exactamente el del vapor y las proteínas vegetales que salen por la rendija. A medida que la proteína vegetal se enfría, se solidifica y se forma lo que identificamos como palomita.

Globos, cohetes, aviones, avionetas, helicópteros y drones

El principio de conservación del momento lineal está detrás de muchos fenómenos físicos muy cotidianos. Seguro que más de una vez ha soltado un globo lleno de aire. Una vez inflado, en vez de atarlo por el extremo para que el aire del interior no se escape, lo ha soltado. La presión de la goma del propio globo hace que el aire del interior salga por la boca. Sobre las moléculas del aire aparece cierto momento lineal. Inicialmente, antes de dejar escapar el aire, sobre el globo y las moléculas del aire del interior no había ningún momento neto. La aparición de cierto momento sobre las moléculas al salir por la boca genera otro momento sobre el globo, de manera que compense el de las moléculas del aire y se siga cumpliendo que el momento neto sea el que había al principio, es decir, cero. Por esa razón, aparece sobre el globo un momento que lo impulsa hacia adelante, en sentido contrario al lugar por donde se escapa el aire. El globo sale entonces disparado hacia adelante y va zigzagueando a medida que se desinfla.

Se trata del mismo principio que permite despegar a los cohetes espaciales e impulsa a los aviones y avionetas. En un cohete, al principio, la cantidad de movimiento es cero, ya que está parado. Cuando inicia el despegue, los motores empiezan a quemar el combustible e inyectan hacia abajo gases a gran velocidad. Millones y millones de moléculas son expulsadas hacia el suelo a una velocidad muy elevada y aparece un momento lineal dirigido hacia abajo. Una sola molécula tiene poca cantidad de movimiento porque posee muy poca masa, a pesar de la gran velocidad que adquiere (de decenas de kilómetros por segundo). Sin embargo, el conjunto de los millones y millones de moléculas que son expulsadas por los motores del cohete sí generan una cantidad de movimiento de un valor elevado. El principio de conservación del momento lineal exige que este se mantenga constante, de manera que sobre el cohete aparece un momento en sentido contrario que compensa el de las moléculas de los gases. Dada la gran masa del cohete, la velocidad de salida será pequeña, pero el producto de la masa y la velocidad dará la misma que la de los gases, pero en sentido contrario, para que globalmente no haya momento neto.

En el caso de los aviones, para que vuelen es necesario que adquieran cierta velocidad. Las turbinas de reacción situadas bajo las alas son las responsables de imprimirle velocidad. En ellas se quema combustible y se expulsa el aire hacia atrás a gran velocidad. Millones y millones de moléculas de aire y gases de la combustión son expulsados hacia atrás a mucha velocidad, lo que genera un momento lineal hacia atrás, que debe compensarse para que sea cero, que es el valor que tenía la cantidad de movimiento antes de iniciar la carrera de despegue. Por lo tanto, el momento generado por la salida de gases a gran velocidad por la turbina de reacción hacia atrás se ve compensado por la aparición de un momento lineal sobre el avión hacia adelante, que hará que el avión adquiera un impulso hacia adelante.

Las hélices de las avionetas desempeñan la misma función que las turbinas de reacción de los aviones, pero sin que haya combustión y expulsión de aire y gases hacia atrás. Cuando se ponen a girar, su diseño les permite succionar el aire que tienen delante y expulsarlo hacia atrás a gran velocidad, con lo que aparece una cantidad de movimiento hacia atrás de la avioneta y, por lo tanto, otra cantidad de movimiento sobre ella hacia adelante y, así, una velocidad que terminará haciéndola despegar.

Los helicópteros y los drones se sostienen en el aire según el mismo principio. Las hélices giran muy rápido, por lo que expulsan el aire de la parte superior hacia la inferior, lo que genera un movimiento sobre las moléculas del aire que va de arriba abajo. De ese modo, para compensar ese movimiento y conseguir que globalmente sea cero, aparece sobre el helicóptero o dron un movimiento en sentido contrario, que le permite ascender o bien mantenerse suspendido en el aire.

Hay muchos más fenómenos cotidianos que se explican según el principio de conservación del momento lineal.

Principio de conservación del momento angular

Cualquier cuerpo que gire, como una rueda, una peonza, un acróbata que da un salto con voltereta o un planeta, mantiene esa rotación hasta que alguna fuerza la detiene. Los objetos en rotación tienen una inercia a la rotación, es decir, ofrecen resistencia a iniciarla o, si ya están girando, a detenerla. Esa inercia a la rotación se cuantifica mediante el momento de inercia, de modo similar a cómo la masa cuantifica la resistencia de un cuerpo a cambiar su estado de movimiento (acelerar o frenar). El momento de inercia es el equivalente a la masa, pero para la rotación. Es decir, es una magnitud que cuantifica el grado de resistencia a girar que presenta un cuerpo. De la misma manera que, cuanta más masa tiene un cuerpo, más le cuesta cambiar su estado de movimiento, es decir, más cuesta acelerarlo o frenarlo, cuanto mayor es el momento de inercia, más cuesta iniciar el giro.

El momento de inercia de un cuerpo depende de cómo tenga distribuida la masa alrededor de su eje de giro. Imaginemos dos bolas de masa y radio iguales, pero una tiene la masa repartida uniformemente, y la otra, distribuida por la superficie y está vacía por dentro. No obstante, ambas bolas tienen la misma masa. Las dejamos caer por una rampa desde la misma altura. La esfera que presente más momento de inercia será la que tendrá mayor resistencia a iniciar el giro mientras cae por la rampa. Como la esfera vacía por dentro tiene la masa más alejada del eje de rotación, es la que presenta más momento de inercia y, por lo tanto, será la que empezará a girar más despacio. La bola maciza será la que llegará antes al final de la rampa.

Eso puede sernos útil para identificar si un huevo está hervido o no. Si hacemos girar dos huevos con la misma velocidad de giro inicial, el hervido tiene todo el contenido interior solidificado y se comporta como un cuerpo sólido uniforme, mientras que el crudo lo tiene en estado líquido y, cuando gira, lo distribuye hacia el exterior y se comporta como la esfera vacía del ejemplo anterior. El huevo crudo tardará más tiempo a detenerse, ya que presenta más momento de inercia que el huevo hervido, aunque ambos tengan la misma masa.

Más momentos... el momento angular

De modo similar al momento lineal que tienen los cuerpos cuando se desplazan a cierta velocidad, los físicos han definido una magnitud conocida como momento angular para cuando un cuerpo gira alrededor de un eje; es similar al momento lineal, pero, en vez de referirse a traslaciones, lo hace a rotaciones. Como ya hemos visto, el momento lineal queda defini-do por el producto de la masa y la velocidad y estima la cantidad de masa en movimiento. El momento angular cuantifica la cantidad de masa en rotación y depende del producto del momento de inercia (de cómo se distribuye la masa alrededor del eje de giro) y de la velocidad angular de rotación. Un planeta que orbita alrededor del Sol, una piedra que gira atada al extremo de una cuerda y una rueda de un coche en movimiento tienen un momento angular.

El momento angular no dejaría de ser una magnitud anecdótica si no fuera porque, como en el caso del momento lineal, en los sistemas aislados se conserva en el tiempo. Es decir, cuando sobre un sistema formado por partículas que giran alrededor de un eje no actúa ninguna fuerza, el momento angular de ese sistema de partículas se mantiene constante, no cambia con el paso del tiempo. Es el principio de conservación del momento angular.

Hay muchos fenómenos que ocurren a nuestro alrededor que tienen su explicación en la conservación del momento angular. Lo podemos experimentar fácilmente con una silla de oficina que gire sobre su eje y un par de libros gruesos. Un chico sentado con los brazos estirados y un libro en cada mano está girando, despacio, en la silla. Tiene un cierto valor de momento angular. Al acortar los brazos y acercarlos al cuerpo, su momento de inercia se reduce, ya que disminuye la distancia de las masas (los libros) al centro de rotación. Al reducirse el momento de inercia, la velocidad angular debe aumentar para que el momento angular mantenga el mismo valor que tenía antes de doblar los brazos. El chico empieza a girar más deprisa. Si vuelve a separar los brazos, su momento de inercia aumenta y entonces su velocidad de rotación debe reducirse para mantener constante su momento angular. Es un truco muy vistoso que utilizan los bailarines y las bailarinas o los patinadores.

De manera similar, cuando un saltador o una gimnasta da volteretas en el aire, al acercar las piernas y los brazos al cuerpo, este gira muy rápido, ya que disminuye su momento de inercia. Cuando quiere reducir o incluso detener la rotación, abre los brazos y estira las piernas. El momento de inercia aumenta entonces para mantener constante el momento angular.

El movimiento de los planetas alrededor del Sol viene descrito por la conservación del momento angular, anunciada por las leyes de Kepler, como se verá al capítulo 3. Si nos fijamos en el sistema Tierra-Luna, la conservación del momento angular es la explicación de que la Luna se esté alejando de la Tierra. La rotación de la Tierra se va reduciendo muy despacio a consecuencia de la fricción del agua con el fondo de los océanos. En consecuencia, el momento angular de la Tierra disminuye muy despacio y, para mantener constante el momento angular del sistema aislado Tierra-Luna, el momento angular de la Luna aumenta su velocidad orbital alrededor de la Tierra, lo que comporta un alejamiento de la Luna respecto de la Tierra y una reducción de la velocidad de aproximadamente un cuarto de centímetro por rotación. Es decir, la siguiente luna llena que observemos estará 0,25 cm más lejos de la Tierra.

La forma elíptica de las galaxias también es una consecuencia de la conservación del momento angular. La fuerza de la gravedad atrae gran cantidad de material cósmico (gases y polvo, básicamente). Al acercarse al centro de gravedad, esas partículas y gases se mueven más rápido, al mismo tiempo que rotan. Cuanto más cerca del centro, al disminuir la distancia a este, también se reduce el momento de inercia y, por conservación del momento angular, aumenta la velocidad angular. El resultado final es que los brazos de la espiral galáctica giran más rápido cuando están más cerca del centro que de los extremos.

PRINCIPIO DE CONSERVACIÓN DE LOS NÚMEROS LEPTÓNICO, BARIÓNICO Y DE LA EXTRAÑEZA

Las partículas fundamentales, como se ha visto en el capítulo 1, se pueden clasificar en leptones, cuarks y bariones de intercambio. Los leptones incluyen el electrón, el muón, la partícula tau, los neutrinos asociados y las antipartículas correspondientes. Un total de doce partículas que tienen asociado un número que se llama leptónico (L) y que toma el valor +1 para el electrón, el muón y la partícula tau; el valor -1 para las antipartículas, y un valor nulo, $L = 0$, para los neutrinos y antineutrinos asociados.

Los cuarks y los anticuarks son doce partículas fundamentales en total (seis cuarks y seis anticuarks) que componen los bariones y los mesones. Los bariones están formados por la interacción de tres cuarks, mientras que los mesones están compuestos por dos cuarks. Los protones y los neutrones, por ejemplo, son bariones. Los primeros están formados por dos cuarks *up* y un cuark *down*, mientras que los neutrones lo están por dos *down* y uno *up*. A los bariones se les asigna un número denominado bariónico (B), que proviene del hecho de que cada cuark que forma un barión tiene un subnúmero bariónico de valor 1/3, mientras que un anticuark lo tiene de -1/3. Así, el protón tiene un número bariónico $B = 1$, como el neutrón.

En las interacciones que ocurren entre las partículas fundamentales de la naturaleza, además de conservarse las leyes antes descritas, como la carga eléctrica, la masa o la energía, se conservan los números leptónico y bariónico. Es decir, los números leptónico y bariónico iniciales deben coincidir con los finales en todo proceso relacionado con las reacciones y transformaciones que ocurren entre las partículas fundamentales. Eso hace que algunas transformaciones subatómicas no sean posibles, las que no cumplen la conservación de esos números, y que otras sí lo sean, las que sí la cumplen.

El cuark *strange*, como su nombre indica, es extraño. Se le asocia una propiedad, la extrañeza, que se cuantifica con un número denominado número de extrañeza, o S, que toma el valor de -1 para el cuark *strange* y de 1 para el anticuark *strange*. Parece que esa propiedad también se conserva en los procesos en que interviene ese cuark, de manera que el valor de la extrañeza inicial y final debe ser el mismo. Todo ello es muy extraño.

CAPÍTULO 3

Las reglas del juego (2): principios, leyes, teorías y efectos

Principio de Pascal

Vivimos rodeados de aire: una mezcla de distintos gases, sobre todo nitrógeno (78%), oxígeno (21%) y argón (0,9%). Esos gases forman la atmósfera, la capa fluida que rodea la Tierra, que se extiende desde la superficie hasta como mínimo 1.500 km (no hay un límite claro entre la atmósfera y el espacio exterior, que se establece, como mínimo, en 1.500 km). La fuerza que ejerce un fluido, como el aire, sobre un metro cuadrado de superficie es lo que se define como presión. La presión atmosférica a nivel del mar, en condiciones normales, es de unos 1.013 hectopascales (hPa), es decir, unos 10^5 pascales (Pa), lo que equivale a unos 10.000 newtons por metro cuadrado.

Sin embargo, ¿qué ocurre cuando estamos dentro de una habitación? La única columna de aire que tenemos es la que llega hasta el techo, que está, pongamos, a dos metros y medio por encima. En cambio, la presión que notamos no corresponde, por suerte, a la de una columna de aire de 2,5 m, sino a la de la calle, la de una columna de más de 1.500 km de aire. El principio de Pascal da una explicación a ese hecho. Según este principio, enunciado por Blaise Pascal, la presión de un fluido se transmite horizontalmente a lo largo de ese nivel. La presión debida a la columna de aire sobre el suelo se transmite horizontalmente, de modo que, dentro de una habitación de 2,5 m de altura, la presión atmosférica proviene del exterior.

El principio de Pascal es aplicable a cualquier fluido. Cuando se ejerce un cambio en la presión del fluido, esa fuerza se transmite a cada punto del fluido y a las paredes del recipiente que lo contiene a lo largo de una misma superficie. Este es el principio de funcionamiento de la prensa hidráulica. Un fluido se encuentra en el interior de un tubo en forma de U, con un brazo muy estrecho y otro más ancho. Al aplicar una fuerza sobre el fluido en el brazo estrecho, la presión ejercida será la misma que la del fluido del brazo ancho. Es decir, la fuerza aplicada por unidad de área se mantendrá constante. Eso implica que una fuerza pequeña aplicada sobre el fluido del brazo estrecho se traducirá en una fuerza grande sobre el fluido del brazo ancho. Las prensas hidráulicas permiten levantar cuerpos pesados, como los vehículos, aplicando una fuerza relativamente pequeña.

PRINCIPIO DE ARQUÍMEDES

Según la leyenda, en el siglo III a. C., el rey Hierón II de Siracusa le encargó a un orfebre una corona de oro. Cuando este se la entregó, desconfió: tenía la sospecha de que el orfebre lo había engañado y la corona no era de oro. Le planteó a Arquímedes, uno de los sabios más prestigiosos en esa época, que averiguara si la corona era realmente de oro y si el orfebre lo había engañado. Arquímedes sabía que tenía que calcular la densidad de la corona y compararla con la del oro. El reto era medir su volumen. Un día, mientras se bañaba en una tina, encontró la solución. Cuando se metía en el agua, desplazaba un volumen de agua equivalente al suyo. Así pues, si sumergía la corona en agua, el volumen de agua desplazado sería el equivalente al de la corona. Al grito de «¡Eureka!» («¡Lo he encontrado!»), corrió casi desnudo a realizar las mediciones pertinentes con la corona y descubrió el engaño del orfebre.

El principio de Arquímedes establece que todo objeto sumergido en un fluido experimenta un empuje hacia arriba que es proporcional al volumen del fluido desalojado por el objeto sumergido.

¿De dónde surge ese empuje? Imaginemos un cubo de agua dentro de un recipiente lleno de agua. La presión que el agua ejerce sobre la cara superior de ese cubo es menor que la que ejerce sobre la cara inferior, ya que la presión aumenta con la profundidad. En consecuencia, aparece una fuerza neta que empuja el cubo desde la parte inferior hacia la superior. Esa fuerza se conoce como empuje o flotabilidad.

Seguro que ha experimentado y notado ese empuje cuando, por ejemplo, ha intentado hundir una pelota en el agua. Eso es extraordinariamente difícil porque la pelota enseguida tiende a flotar. El empuje la hace flotar en cuanto intentamos hundirla. Este depende de la densidad del fluido y del volumen sumergido. El agua salada ejerce más empuje sobre un nadador que la dulce, como muy bien saben los turistas que se bañan en el mar Muerto. A mayor volumen sumergido, más empuje.

PRINCIPIO DE BERNOULLI

Los fluidos no son estáticos, sino que se desplazan a cierta velocidad, ganan altura, están sometidos a diferencias de presión... El físico suizo Daniel Bernoulli fue el primero en estudiar el movimiento de los fluidos en un circuito cerrado. En un régimen laminar (sin turbulencia) con un caudal constante, lo que hoy conocemos como el principio de Bernoulli establece que la energía mecánica de un fluido se mantiene constante mientras este se mueve de forma continua por un tubo cerrado. En cualquier punto de ese tubo, la energía del fluido tiene tres componentes: un término vinculado a la energía cinética de las partículas que forman el circuito, que está relacionado con su velocidad; un término asociado a la energía potencial gravitatoria, según la altura a la que se encuentre el fluido dentro del tubo, y un término asociado a la presión que tiene el fluido en ese punto. La suma de los tres componentes es constante, es decir, es la misma en cualquier punto del tubo.

En el fondo, el principio de Bernoulli no es nada más que una consecuencia del principio de conservación de la energía mecánica, de la conservación de la masa y del momento lineal, que permite explicar multitud de fenómenos vinculados a la física de fluidos y que reciben nombres como efecto Venturi, efecto Magnus o ley de continuidad de los fluidos. No obstante, en todos los casos, la suma de los términos relacionados con la energía de un fluido se mantiene constante en cualquier punto de una línea de corriente del fluido.

Efecto Venturi

Por ejemplo, si un fluido no varía su altura al desplazarse, solo los términos cinético y de presión se mantienen constantes. La presión de un fluido en un punto disminuye a medida que su velocidad aumenta (siempre que no exista variación de altura del fluido). Es lo que se conoce como efecto Venturi (Giovanni Battista Venturi). Por ejemplo, cuando un fluido pasa a gran velocidad por encima del ala de un avión (y, por lo tanto, aumenta el término cinético), la presión sobre ese punto disminuye (y, por consiguiente, también la fuerza que ejerce el aire sobre el ala); si, simultáneamente, la velocidad del fluido por debajo del ala es menor que por encima (y, por lo tanto, disminuye el término cinético), la presión aumenta para mantener constante la suma de los dos términos. Eso se traduce en un empuje del aire desde debajo del ala hacia la parte superior. El avión despega.

Como este, hay muchos fenómenos que se pueden explicar por el efecto Venturi. Por ejemplo, cuanto más altas sean las chimeneas, mejor salida de humos tendrán, ya que el viento adquirirá más velocidad si la salida está más elevada y, por lo tanto, la presión sobre la boca de la chimenea será menor, lo que mejorará el tiro.

Efecto Magnus

Un caso particular del efecto Venturi tiene lugar cuando un objeto rota mientras se desplaza dentro de un fluido, en un mismo plano. O, lo que es equivalente, cuando un objeto estático rota y circula un fluido a su alrededor. El fluido adquiere una velocidad distinta en torno al objeto según el sentido de la rotación. Si la circulación del fluido tiene el mismo sentido que la rotación, su velocidad será mayor en la capa que esté en contacto con el objeto y, por lo tanto, la presión será menor (es decir, la fuerza que ejerce el aire sobre el objeto será menor), mientras que, si la rotación va en sentido contrario a la circulación del fluido, este se verá frenado sobre la superficie del objeto (y, por lo tanto, la presión aumentará). Eso generará una diferencia de presiones entre las dos zonas del objeto rodante y, por consiguiente, la aparición de una fuerza que tenderá a igualar las presiones. Este efecto, que explica los efectos que adquieren las pelotas de distintos deportes, como el pimpón, las curvas del béisbol o los tiros con rosca del fútbol, fue descubierto en 1853 por Gustav Magnus, quien logró explicar por qué los obuses se desviaban del objetivo una vez que salían de los cañones aunque los militares apuntaran bien: la rotación sobre su eje de simetría generaba una fuerza que los desviaba.

Ley de continuidad

El principio de conservación de la masa de un fluido entre dos secciones de un tubo establece que la masa de fluido que entra en una sección debe ser igual que la masa que atraviesa la otra sección. No aparece ni desaparece fluido. Para mantener ese flujo de masa constante, lo que se denomina caudal, el fluido gana velocidad cuando la sección se vuelve más pequeña y la reduce cuando se hace grande. Esta es la llamada ley de continuidad. Si, cuando regamos las plantas con una manguera, queremos que el agua llegue más lejos, lo que solemos hacer es reducir la sección de la manguera interponiendo el dedo en la salida del agua. Entonces, la velocidad del agua aumenta y así el caudal (la masa) de fluido se mantiene constante. Las partículas del humo de una barrita de incienso o de un puro ascienden de modo laminar al principio, en línea recta, hasta cierta altura. A medida que lo hacen, la velocidad se va reduciendo y, en consecuencia, la sección se va haciendo más grande, hasta el punto en que aparecen remolinos en el flujo y este se torna turbulento. Entonces observamos que esa linealidad se rompe y el humo se dispersa por el aire. El aire se acelera cuando pasa de calles anchas a calles estrechas y pierde velocidad cuando pasa de calles estrechas a anchas. Y lo mismo ocurre en multitud de fenómenos vinculados a la continuidad de la masa de los fluidos.

LAS LEYES DE LOS GASES

El estado gaseoso es uno de los más habituales en nuestro entorno. La propia atmósfera que nos rodea es una mezcla de gases, entre los cuales está el oxígeno, imprescindible para las funciones biológicas de los organismos y para la combustión. Las magnitudes físicas básicas que describen los gases son tres: presión, temperatura y volumen que ocupan. Históricamente, tanto los físicos como los químicos se han esforzado mucho por describir el comportamiento físico de los gases y relacionar esas variables en lo que hoy conocemos como ley general de los gases.

Sin embargo, no ha sido fácil llegar a esa ley, consecuencia de leyes parciales que mantienen alguna de esas tres variables constante mientras se varían las otras dos y que son el resultado de experimentos con gases. Así pues, la ley general de los gases nace de la combinación de tres leyes: la ley de Charles, la ley de Boyle-Mariotte y la ley de Gay-Lussac.

La ley de Charles establece que, cuando un gas se mantiene a presión constante, si aumenta su temperatura, también lo hace su volumen, y, si se enfría, su volumen disminuye. Es decir, a una presión constante, la relación entre la temperatura y el volumen es proporcional.

Sin embargo, ¿qué ocurre si la presión no es constante? La ley de Boyle-Mariotte establece que, si se mantiene constante la temperatura, cuando aumenta la presión de un gas, el volumen que este ocupa se reduce, es decir, la presión es inversamente proporcional al volumen.

La ley de Gay-Lussac, por último, establece la última combinación de esas tres variables. Si mantenemos constante el volumen de un gas, cuando la presión aumenta, también lo hace la temperatura, y viceversa. Presión y temperatura mantienen una relación de proporción directa siempre que el volumen sea constante.

De esas tres leyes se deriva la llamada ley general de los gases, en la que ninguna de esas tres magnitudes se mantiene constante, sino que todas varían. Según esta ley, el producto de la presión del gas por el volumen que ocupa es directamente proporcional a su temperatura. Es decir, cada una de las variables puede aumentar o disminuir parcialmente, pero la relación entre el producto de la presión y el volumen respecto de la temperatura siempre se mantiene constante.

La ley general de los gases es básica para explicar muchos de los procesos en los que participan gases. Cuando abrimos una botella de cava, por ejemplo, el gas dióxido de carbono que hay acumulado se expande, es decir, aumenta de volumen, mientras que la presión disminuye. En consecuencia, la temperatura debe bajar para mantener constante el producto de la presión y el volumen. Por eso notamos el gas carbónico frío al abrir una botella de cava.

Cuando una masa de aire asciende dentro de la atmósfera, la presión atmosférica va disminuyendo y el aire se puede ensanchar, es decir, aumenta de volumen, mientras que su presión en esa parcela se reduce. Por lo tanto, la temperatura disminuye, tal como establece la ley general de los gases. Ese enfriamiento del aire puede comportar la condensación del vapor de agua que contiene la parcela de aire y conducir a la formación de nubes.

TEORÍA CINÉTICA DE LOS GASES

Las leyes de Charles, Boyle-Mariotte y Gay-Lussac, que conducen a la ley general de los gases, relacionan, como hemos visto, tres magnitudes fundamentales para los gases: la temperatura, la presión y el volumen. Están basadas en la observación experimental, son empíricas desde una perspectiva macroscópica. No dicen nada del comportamiento de las partículas que forman el gas, átomos o moléculas. La teoría cinética es una visión distinta de la que da la ley de los gases para comprender y describir su comportamiento físico.

Según esta teoría, un gas está formado por un conjunto más o menos numeroso de pequeñas partículas puntuales (no ocupan volumen) que se desplazan siguiendo las leyes de Newton. Chocan entre ellas y con las paredes del recipiente que las contiene sin perder energía (se transfieren energía y momento entre sí, pero en los choques no hay ninguna pérdida de energía en forma de calor). Entre ellas no hay ninguna fuerza de interacción electrostática ni gravitatoria, pero sí puede haber fuerzas de cohesión que las enlacen, según su estado de energía.

La energía cinética de las partículas mantiene una relación de proporción directa con la temperatura del gas. Este postulado es el punto clave de la teoría, ya que relaciona un componente microscópico (la energía cinética de una partícula atómica) con uno macroscópico (la temperatura del gas).

Las partículas de un gas están en continuo movimiento. Entre ellas hay vacío. Cuanto mayor sea la temperatura de un gas, más energía cinética tendrán esas partículas atómicas, siempre que ocupen un gran volumen y tengan mucha movilidad. En el límite superior de la estratosfera, a unos 50 km de altura, la temperatura es decenas de grados centígrados, más alta que la que puede haber en la superficie terrestre. Eso es así porque a esa altura la radiación ultravioleta es capaz de aportar energía a las poquísimas moléculas de aire que hay y, por lo tanto, estas pueden moverse sin chocar. Más elevada es la temperatura que tienen los iones de la ionosfera, de alrededor de 1.000 °C por encima de los 1.000 km de altura, debido a la gran cantidad de energía que los rayos X y gamma aportan a los iones y a la poca densidad de estos. La velocidad elevada asociada a la energía cinética se traduce en una temperatura alta. En un gas, las partículas se desplazan libremente por el volumen que ocupan.

No obstante, a medida que la velocidad de las partículas de un gas se reduce, estas empiezan a chocar más a menudo y las fuerzas de cohesión entre ellas comienzan a tener un papel importante, hasta el punto de que pueden quedar enlazadas. Entonces dejan de tener movimiento libre y ya no se desplazan, sino que vibran alrededor de unas posiciones de equilibrio. Se ha formado un líquido. Si se reduce la temperatura, la energía de vibración disminuye y las partículas empiezan a ocupar posiciones más ordenadas mientras vibran alrededor de los puntos de equilibrio. Se ha formado un sólido. Ese movimiento de vibración es detectable en lo que se llama movimiento browniano, que se describe en el capítulo 4 como uno de los experimentos clave de la física.

Así pues, a escala molecular, la diferencia entre un sólido, un líquido y un gas viene dada por la energía cinética de sus moléculas. La presión y la temperatura macroscópicas que cuantifica la ley de los gases vienen determinadas por la energía cinética de las partículas microscópicas que forman los gases.

LOS TRES PRINCIPIOS DE LA TERMODINÁMICA

En el juego de la física, no todos los cuerpos están a la misma temperatura. Cuando dos o varios cuerpos interactúan, pueden tener una temperatura distinta y, por lo tanto, hay intercambio de calor entre ellos. Las reglas que describen y estudian la interacción entre el calor y la energía calorífica de los cuerpos constituyen la termodinámica. Los principios que describen esas interacciones térmicas son tres: el principio cero y los principios primero y segundo de la termodinámica.

El denominado principio cero se formuló después de los principios primero y segundo para establecer un hecho básico: existe una temperatura de equilibrio entre dos cuerpos que inicialmente se encuentran a una temperatura distinta y que se han puesto en contacto. Cuando alcanzan el equilibrio termodinámico, la temperatura de ambos es la misma. Esa temperatura es la que se denomina de equilibrio. Supongamos que hay dos habitaciones, una a 25 °C y la otra a 10 °C, separadas por una puerta que al principio está cerrada. Al abrirla, el aire de ambas habitaciones se moverá. La fría se calentará, mientras que la caliente se enfriará. El aire dejará de moverse cuando ambas habitaciones alcancen la misma temperatura, llamada de equilibrio. En esa situación se dice que se ha llegado al equilibrio termodinámico.

El primer principio de la termodinámica es una versión del principio de conservación de la energía aplicado a la termodinámica. Este principio establece que, cuando se realiza un trabajo sobre un sistema, este transfiere calor al entorno o bien varía su energía interna. Es decir, el trabajo (la energía) que se aplica sobre un sistema se transfiere: una parte modifica la energía interna del sistema (aumenta la energía cinética de las partículas del gas) y otra parte provoca un intercambio de calor entre el sistema y el entorno, es decir, calienta o enfría el entorno. Un hecho clave de este principio es que el calor se define como una forma de energía. James Prescott Joule llegó a este primer principio de la termodinámica en uno de los experimentos más importantes de la física, que se describe en el capítulo 4.

El segundo principio de la termodinámica describe la dirección en la que se producen los intercambios de calor en los procesos termodinámicos. Cuando se ponen en contacto dos cuerpos, uno de los cuales tiene una temperatura más alta que el otro, el principio cero establece que intercambiarán calor hasta alcanzar un equilibrio termodinámico. Sin embargo, este principio cero no dice nada de la dirección y el sentido de los flujos de calor, el sentido de la evolución del proceso termodinámico: el cuerpo caliente cede calor al cuerpo frío, nunca al revés. Para describir y cuantificar esa dirección de los procesos termodinámicos, se define el concepto de entropía. La entropía es una magnitud que mide el número de microestados que pueden existir dentro de un estado termodinámico distinto del equilibrio termodinámico. Dicho en otras palabras, es una medición del desorden. Se trata de un concepto muy abstracto, por lo que en muchos casos podemos sustituir «entropía» por «desorden». Pues bien, este segundo principio de la termodinámica se puede enunciar diciendo que, en un sistema aislado (recordemos, los que no intercambian ni masa ni energía con el entorno), la variación de entropía siempre debe ser mayor que cero. La entropía del sistema siempre aumenta en un sistema aislado.

PRINCIPIO DE FERMAT

El principio de Fermat data del siglo XVII, cuando Pierre de Fermat estudiaba la trayectoria que siguen los rayos de luz. En 1662, Fermat estableció lo que hoy en día se conoce como principio de Fermat: el camino que sigue un rayo de luz para ir de un punto a otro es el que le permite llegar en el menor tiempo posible. Ese camino mínimo de los rayos de luz se denomina camino óptico. Desde una perspectiva clásica, este principio implica que la luz se propaga en línea recta, ya que ese es el camino que reduce al mínimo el tiempo para recorrer la distancia entre dos puntos. Sin embargo, esa trayectoria no siempre es rectilínea. La teoría de la relatividad general de Einstein (véase más adelante) describe cómo la fuerza de la gravedad —por ejemplo, la creada por cuerpos masivos, como las estrellas— deforma el espaciotiempo. Un rayo de luz que pase cerca de un gran cuerpo masivo se desvía y, por lo tanto, deja de moverse en una trayectoria rectilínea y lo hace por una curva. Ese camino óptico curvo es el que minimiza el tiempo en el recorrido entre dos puntos.

LEY DE LA REFLEXIÓN Y LEY DE SNELL O DE LA REFRACCIÓN: LOS ESPEJISMOS EXISTEN

La luz es una onda de naturaleza electromagnética y, como todas las ondas, se refleja y se refracta, siguiendo la ley de la reflexión y la de Snell de la refracción. La ley de la reflexión es muy simple y fácil de comprobar. Cuando un rayo de luz incide sobre una superficie que refleja la luz, como, por ejemplo, un espejo, el ángulo de incidencia del rayo respecto a la perpendicular (o respecto al espejo) es idéntico al ángulo de salida, una vez que el rayo ya se ha reflejado. Viendo la figura 3, podríamos decir que la ley de la reflexión establece que el ángulo que forman el rayo incidente (θ_1) y el rayo reflejado (θ_1') respecto de la normal es el mismo, es decir, $\theta_1' = \theta_1$.

La ley de la refracción es un poco más compleja. No obstante, antes necesitamos saber qué es la refracción. Un rayo de luz se propaga por el aire a la velocidad de la luz en el vacío, representada con la letra c. Esa velocidad es de casi 300.000 km/s y es la máxima que puede adquirir cualquier onda de luz. Cuando un rayo a esa velocidad penetra en un medio distinto, como el agua o un cristal, su velocidad de propagación se reduce. Por ejemplo, la luz en el agua se propaga a unos 255.000 km/s. Esa reduc-

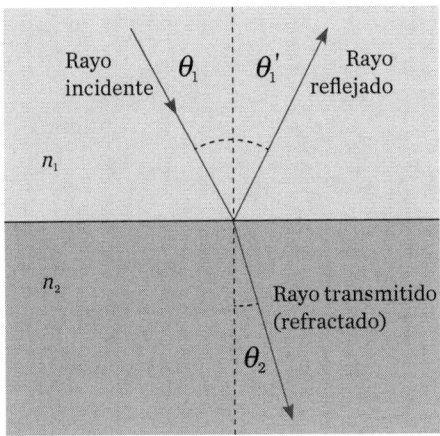

Figura 3. Reflexión y refracción de un rayo de luz.

ción de la velocidad hace que el rayo de luz se desvíe un cierto ángulo de su dirección inicial, como indica la figura 3. Ese fenómeno es lo que llamamos refracción.

Los rayos refractado y reflejado se encuentran en el mismo plano que el incidente y la línea normal a la superficie. Eso significa que los fenómenos de la reflexión y la refracción no alteran el plano en el que se mueve el rayo de luz.

La ley de la refracción, también conocida como ley de Snell, establece que, para un determinado rayo de luz, la relación entre los senos de los ángulos incidente y refractado se mantiene constante. En otros términos, la ley de Snell se expresa de la manera siguiente:

$$n_1 \cdot \text{sen } \theta_1 = n_2 \cdot \text{sen } \theta_2$$

El índice de refracción del medio, n, cuantifica la relación entre la velocidad de la onda electromagnética en el medio por el que se propaga, v, respecto a la velocidad de la luz en el vacío, $c : n = c/v$. Para el vacío o el aire, donde la luz se propaga a la velocidad *v*, el índice de refracción *n* toma el valor 1.

El fenómeno de la refracción puede observarse en la vida cotidiana. Uno de los experimentos más clásicos es introducir una cuchara en un vaso lleno de agua y observar que parece torcida cuando la miramos de lado. Los rayos que salen de la cuchara y se propagan por el agua lo hacen a una velocidad más lenta que los rayos de la cuchara que salen de la parte no sumergida. Esa diferencia de velocidades en la propagación de la luz hace que nuestro cerebro perciba la cuchara torcida.

Los espejismos también son un fenómeno óptico basado en la refracción. Cuando un rayo de luz atraviesa capas de aire con distintas temperaturas y, por lo tanto, con diferentes densidades e índices de refracción, se

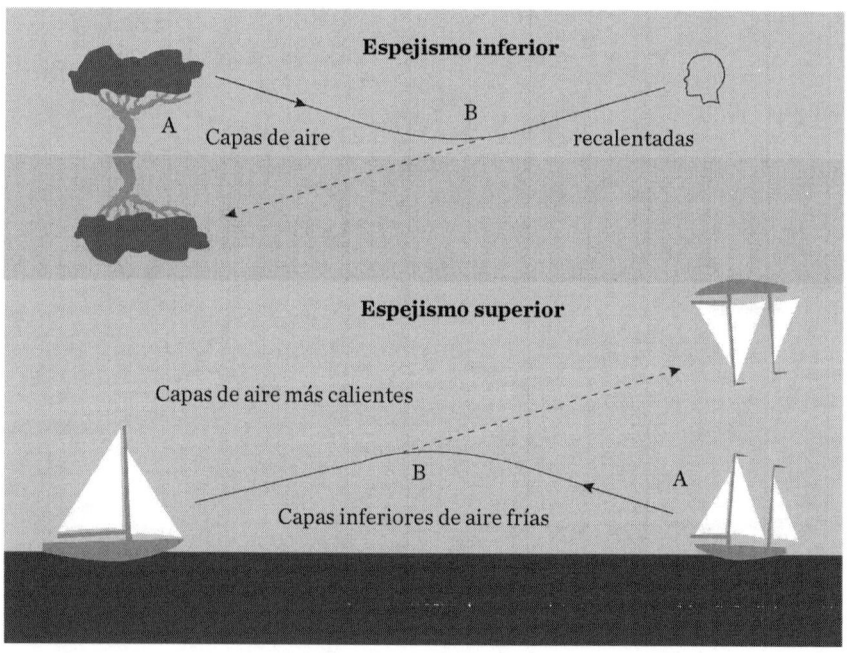

Figura 4. Esquema de espejismo inferior y espejismo superior, causados por la refracción de la luz.

desvía de su propagación rectilínea y entonces aparecen imágenes de objetos en lugares asombrosos. Por ejemplo, el charco que se ve al final de una carretera asfaltada en días calurosos y desaparece cuando nos acercamos es la imagen del cielo formada sobre el suelo debido a la elevada temperatura de los primeros centímetros o metros de aire en contacto con el asfalto. Se trata de un espejismo inferior. La figura 4 muestra un esquema de estos fenómenos meteorológicos causados por la refracción de la luz.

Angulo límite

La trayectoria de los rayos de luz cuando cambian de medio es reversible, es decir, es la misma que si la luz se propagara en sentido contrario. Si imaginamos, por ejemplo, un rayo de luz que recorre el aire y entra en un vaso de agua formando un ángulo θ_1 con la línea perpendicular a la superficie del agua, que llamamos línea normal, ese rayo se refracta y se desvía de su camino rectilíneo inicial, de manera que reduce el ángulo respecto a la normal, supongamos θ_2. Si fuera al revés, es decir, si el rayo estuviera dentro del agua del vaso e incidiera desde abajo en la superficie del agua con un ángulo θ_2, emergería al aire formando un ángulo θ_1 respecto a la normal, siguiendo la misma trayectoria que antes.

El hecho clave es que, cuando un rayo de luz incide desde un medio con un índice de refracción inferior al del medio en el que se refracta (por ejemplo, del aire al agua, de valor 1,5), el rayo refractado tiende a acercarse a la línea imaginaria perpendicular a la superficie del agua, la línea normal. En cambio, cuando el rayo incidente se mueve por un medio con un índice superior al del medio en el que se refractará (por ejemplo, del agua al aire), el rayo refractado tiende a alejarse de la línea normal. Es lo que llamamos reversibilidad de la trayectoria de los rayos de luz.

Si aumentamos el ángulo de incidencia, como muestra la figura 5, el ángulo de refracción también se incrementa: el rayo refractado se aleja de la normal. En la figura 5, los rayos 1, 2 y 3 inciden desde un medio con un índice de refracción superior al del medio en el que se refractan, por lo que los ángulos de refracción son mayores que los incidentes y, por lo tanto, se alejan de la línea normal. Existe un ángulo de incidencia como el del rayo 4, llamado ángulo límite o crítico, θ_c, a partir del cual el rayo refractado sale con un ángulo de 90° respecto a la normal. En esos casos, el ángulo refractado se mueve por la superficie y no penetra en el medio. Si se supera ese ángulo crítico, como sucede con el rayo 5, el rayo se refleja en la superficie y regresa al medio de procedencia. Se habla entonces de reflexión total.

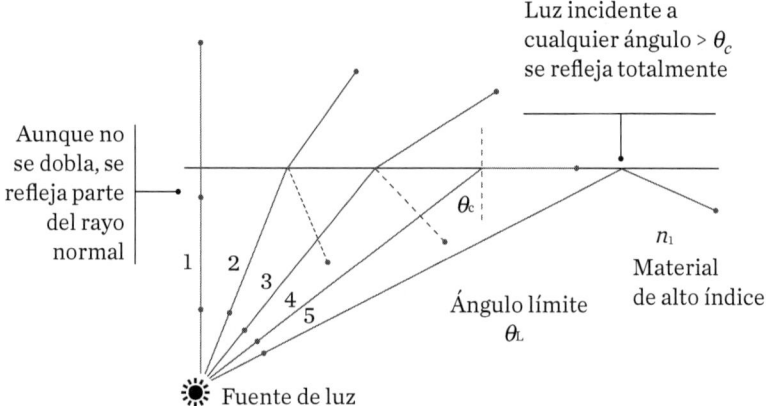

Figura 5. Ángulo límite y reflexión total.

PRINCIPIO DE HUYGENS-FRESNEL

Una onda es una manera de propagar energía sin que haya propagación de materia. Cuando se produce una perturbación en un medio, se genera una onda que avanza haciendo oscilar las partículas del medio respecto a un punto de equilibrio, pero estas no se propagan. Cuando se tira una piedra a un lago, se produce una perturbación sobre el agua. Esta, alrededor del punto donde ha caído la piedra, empieza a oscilar hacia arriba y hacia abajo. Las moléculas de agua vecinas, al estar enlazadas entre sí, también oscilan hacia arriba y hacia abajo y así se crea una oscilación que se va propagando.

El principio de Huygens-Fresnel describe cómo se produce el avance de las ondas por un medio determinado. Este principio fue clave para explicar ciertos fenómenos físicos, lo que se hizo en uno de los experimentos más importantes de la física, que se describe al capítulo 4. Según este principio, las partículas que son interceptadas por un frente de onda (las moléculas del medio por el que se propaga la onda: el aire, el agua, una cuerda...) se consideran focos puntuales emisores de ondas esféricas secundarias, que emiten en todas las direcciones con características idénticas a las de la onda incidente (velocidad de propagación, frecuencia y longitud de onda). La envolvente de las ondas secundarias forma un nuevo frente de onda. La figura 6 muestra un esquema de este principio.

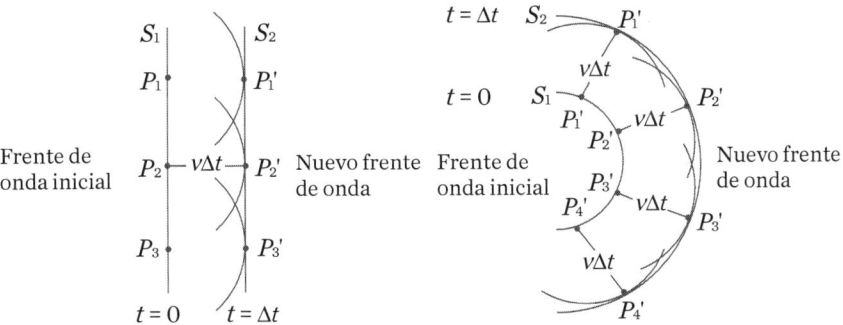

Figura 6. Modelo conceptual del principio de Huygens-Fresnel de propagación de un frente de onda.

Difracción e interferencias

Si las ondas, como el sonido o la luz, se propagan en línea recta, ¿cómo es posible que a veces oigamos sonido (o veamos luz) a la sombra de obstáculos como una pared? Seguro que en alguna ocasión hemos oído un ruido al otro lado de una pared y, en cambio, no estábamos precisamente en la línea del rayo de la onda. O bien, si nos fijamos muy bien en la sombra de un obstáculo que proyectan los rayos del Sol, no es una zona nítida, donde la luz termina de golpe y empieza la sombra, sino que hay un área un poco difusa.

Un rayo de luz puede cambiar la dirección de propagación cuando cambia de medio, al refractarse. Sin embargo, no es la única manera. También puede cambiar la dirección de propagación sin cambiar de medio cuando pasa por una abertura pequeña o por el borde de un obstáculo. Es el fenómeno de la difracción, descrito por primera vez por Francesco Grimaldi, quien observó que, cuando unos rayos pasaban por una rendija pequeña, o cuando se interponía un obstáculo en la trayectoria de unas ondas, estas se abrían y se desviaban hacia una zona donde se esperaba que hubiera sombra, teniendo en cuenta que las ondas se propagan en línea recta, no una perturbación generada por la onda. Cuanto menor era la abertura, mayor era la dispersión de los rayos, como muestra la figura 7. Este es el fenómeno que llamamos difracción.

Para que haya difracción, el diámetro de la abertura por la que se propaga la onda tiene que ser comparable con la longitud de onda. La amplitud de las ondas difractadas es menor que la de la onda incidente porque la energía está distribuida sobre un área más amplia.

La explicación de la difracción se basa en el principio de Huygens-Fresnel. Si lo recordamos, los puntos de una abertura o un obstáculo sobre el que incide una onda se convierten en centros secundarios emisores de ondas idénticas a la onda fuente, de manera que la envolvente de todos los frentes secundarios genera un nuevo frente. De ese modo, parte de

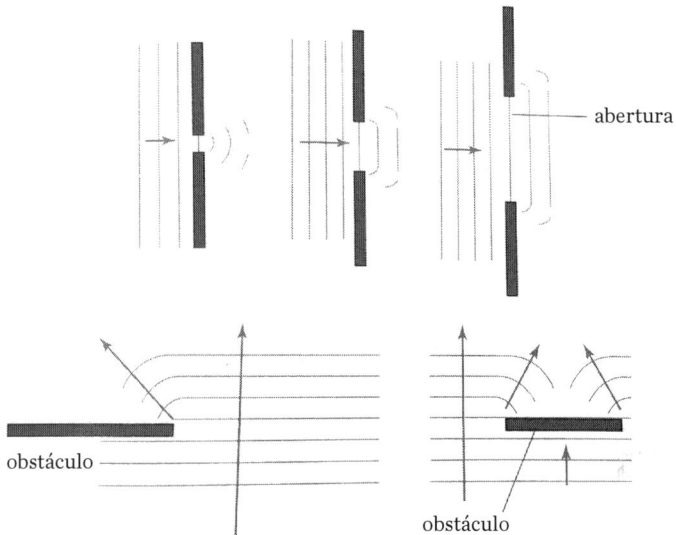

Figura 7. Cuando la luz atraviesa una abertura o un obstáculo, se difracta y cambia de dirección. Las dimensiones de la abertura deben ser similares a la longitud de onda de la luz que se difracta para que se pueda apreciar este fenómeno.

ese nuevo frente de onda puede desviarse de la trayectoria rectilínea y expandirse hacia zonas donde teóricamente deberíamos esperar sombra, tal como muestra la figura 8.

La difracción es un fenómeno que oímos y observamos continuamente. Cuando la luz de las estrellas distantes, o de una farola, o de los faros de un vehículo lejano, nos llega a los ojos, esos rayos deben atravesar nuestra pupila y se desvían un poco. Eso hace que veamos esas fuentes luminosas ligeramente deformadas, con pequeños picos, en forma de estrella. Por eso vemos con esa forma lo que llamamos estrellas, pero sabemos que en realidad son esferas. Las ondas sonoras se desvían cuando atraviesan obstáculos o aberturas cotidianos, lo que comprobamos todos los días cuando oímos la televisión, la radio o cualquier otra fuente sonora aunque entre ella y nosotros se interponga algún obstáculo, como el marco de la puerta o la ventana.

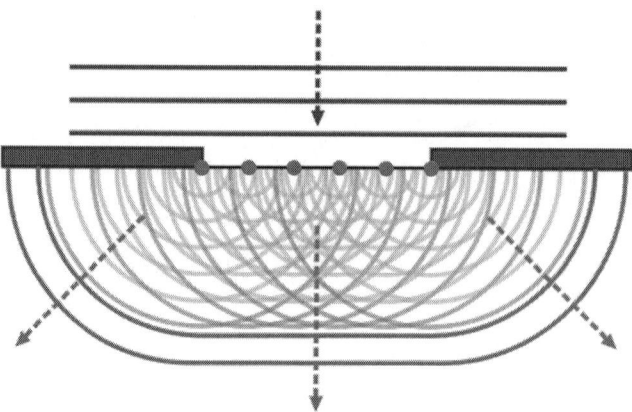

Figura 8. El principio de Huygens-Fresnel da una explicación al fenómeno de la difracción.

PRINCIPIO DE INCERTIDUMBRE DE HEISENBERG

Werner Heisenberg es considerado uno de los padres de la física cuántica y se conoce principalmente porque enunció uno de sus principios más trascendentales: el principio de incertidumbre. Según este principio, las mediciones que se realizan en el mundo microscópico tienen una incertidumbre intrínseca, que no depende del instrumento de medición. Por mucho que mejoremos la resolución de esos instrumentos, siempre tendremos incertidumbre en alguna magnitud. La incertidumbre es intrínseca a los sistemas físicos. Si medimos con mucha precisión la posición de un electrón, por ejemplo, tendremos una gran incertidumbre en lo que respecta a su velocidad. La idea en la que se basa este principio es antigua: la medición modifica el propio objeto del que se está midiendo alguna magnitud. Si queremos saber la posición de una partícula cuántica, tendremos que enviarle una señal para poder detectarla, la cual modificará su velocidad y, por lo tanto, su momento lineal. Por ello, un primer enunciado del principio de Heisenberg dice que no podemos saber de manera simultánea y con precisión la posición y el momento de una partícula, ya que la medición de la posición comporta una incertidumbre en el momento y viceversa.

Eso permite decir que en el mundo cuántico todo es incierto y que, por lo tanto, una partícula cuántica tiene varias posiciones para varias velocidades (momentos lineales). En palabras más propias del mundo cuántico, se dice que una partícula cuántica es una superposición de estados cuánticos. El famoso gato de Schrödinger es una buena metáfora de lo que es el mundo cuántico. Un gato (hay que entender una partícula cuántica) encerrado en una caja en la que hay un frasco de veneno puede estar vivo y muerto a la vez. El gato es una superposición de dos estados distintos: en este caso, vivo y muerto. Solo si abrimos la caja y observamos (medimos) el interior, podremos ver en qué estado se encuentra el gato, si está vivo o muerto. La medición ha llevado a definir una realidad. La medición condiciona y define la realidad cuántica. En el mundo clásico, eso no se manifiesta de manera clara. Tanto si observamos un hecho determinado como si no (por ejemplo, si una bola derribará o no un bolo), el resultado será el mismo. En el mundo cuántico, no. Observar significa definir un estado cuántico y, por lo tanto, modificar la realidad.

Principio de exclusión de Pauli

El estado de todo sistema cuántico (por ejemplo, los electrones que orbitan alrededor de un núcleo atómico) queda definido por tres números cuánticos, que describen el nivel energético o capa principal en la que se encuentra: el subnivel o subcapa, el estado magnético y el espín. El principio de exclusión de Pauli establece que los fermiones, uno de los dos tipos de partículas básicas de la naturaleza, que tienen un espín semientero y están formados por los cuarks y los leptones (véase capítulo 1), no pueden tener sus cuatro números cuánticos idénticos en un mismo estado cuántico. Por ejemplo, dos electrones en un átomo no pueden tener los mismos números cuánticos. Alguno de ellos debe ser distinto. Ese hecho solo es válido para los fermiones, no para los bosones.

Un gran número de fenómenos físicos son consecuencia de este principio. La configuración electrónica de los átomos y la estabilidad de la materia son, seguramente, los más destacables. Como los electrones son fermiones, están regulados por este principio, de manera que, a medida que ocupan los distintos niveles orbitales, se van extendiendo por las capas sucesivas y no se concentran todos en un mismo nivel, sino que cada vez ocupan niveles de más energía. El resultado final es la diversidad de configuraciones electrónicas de los elementos de la naturaleza, la base de la ordenación en la tabla periódica de los elementos.

Las moléculas de una sustancia o un compuesto no pueden aproximarse entre sí de manera aleatoria, ya que los electrones ligados de esas moléculas no pueden entrar en el mismo estado (definido por los cuatro números cuánticos) que los electrones de las moléculas vecinas. Como consecuencia de ello, las moléculas no se enlazan de manera masiva unas con otras, sino de modo selectivo para formar compuestos específicos y estables.

El estado degenerado de la materia que se encuentra en el interior de algunas estrellas (enanas blancas, de neutrones) también es un ejemplo de la consecuencia del principio de Pauli.

TEORÍA ESPECIAL DE LA RELATIVIDAD

La teoría de la relatividad se inicia después del que fue, seguramente, uno de los fiascos experimentales más grandes de la historia de la física: el experimento de Michelson-Morley (véanse los detalles en el capítulo 4). Después de muchos intentos, y cada vez con montajes experimentales más sofisticados, esos físicos estadounidenses llegaron a la conclusión que no existía ningún medio que inundara el espacio exterior, el denominado éter. Los resultados del experimento de Michelson-Morley fueron interpretados por Albert Einstein con una idea genial, difícil de concebir: la velocidad de la luz es independiente del sistema de referencia en el que se mueve; es decir, siempre es la misma, c, de valor $3 \cdot 10^8$ m/s. De hecho, Einstein lo formuló con dos postulados:

— Las leyes de la física son las mismas en todos los sistemas de referencia inerciales, es decir, los que o bien están en reposo, o bien están moviéndose a una velocidad uniforme. Einstein amplia el postulado de Newton, que se refería a las leyes de la mecánica, y dice que las leyes de la física también hacen referencia al electromagnetismo.

— La velocidad de la luz es la misma en todos los sistemas de referencia inerciales.

Supongamos que A y B son dos observadores. A lanza una pelota hacia adelante a una velocidad de 2 m/s; A está parado, al lado de B. La pelota se aleja de ambos a 2 m/s. Supongamos ahora que A está dentro de un vagón que se mueve a una velocidad constante de 10 m/s. B continúa en reposo en tierra. Cuando A pasa por delante de B, lanza la pelota a 2 m/s, como antes. Para A, que viaja en un sistema de referencia inercial, la pelota se aleja de él a 2 m/s, pero B medirá que la pelota se mueve a 12 m/s: los 10 m/s a los que circula el vagón más los 2 m/s a los que A lanza la pelota.

Repitamos el experimento, pero ahora, en vez de una pelota, utilizaremos los rayos de luz de una linterna. A y B están en tierra, quietos. Al encenderse la linterna, un rayo de luz se alejará de ambos observadores a una velocidad $c = 3 \cdot 10^8$ m/s. A continuación, A sube al vagón, que se moverá a 10 m/s, como antes. Al encender la linterna, cuando pase por delante de B, A medirá que el rayo de luz se aleja a una velocidad de $3 \cdot 10^8$ m/s (el valor c). Lo sorprendente es que el observador B, que está quieto en tierra viendo pasar el vagón, medirá que el rayo de luz se desplaza en el interior del vagón también a la velocidad c, en vez de c más la velocidad del vagón, como ocurría con la pelota. Hagámoslo a más velocidad. Si un vagón se mueve a una velocidad constante 0,5 c, el observador A que va dentro del vagón medirá que el rayo se mueve a una velocidad c y el observador B, quieto en tierra, medirá desde su posición que el rayo se mueve también a la velocidad c, no a 1,5 c. La velocidad de la luz es la misma sea cual sea el sistema de referencia inercial.

Ese hecho va en contra del sentido común y tiene una consecuencia sorprendente: el espacio y el tiempo dejan de ser rígidos y pasan a ser variables. ¿Cómo es posible que ambos observadores vean que el rayo de luz se mueve igual? El observador B verá que el vagón se acorta y que el tiempo dentro del vagón transcurre más despacio, mientras que A, montado en el vagón, no notará ningún cambio en el espacio y el tiempo. La contracción del espacio y la dilatación del tiempo son las dos consecuencias del postulado de Einstein de la uniformidad de la velocidad de la luz.

Tiempo propio y longitud propia

Uno de los hechos más sorprendentes, entre el mundo cotidiano y el de la teoría de la relatividad, se refiere a la diferencia entre las longitudes y el tiempo medidos por observadores en sistemas de referencia que se mueven a distintas velocidades unos con respecto a otros. El tiempo que transcurre entre dos acontecimientos medidos en la misma posición, esto es, en un sistema de referencia estacionario, se denomina tiempo propio. Ese tiempo es un invariante, es decir, siempre tiene el mismo valor. Podríamos decir que es el tiempo medido cuando el sistema de referencia tiene velocidad cero. El tiempo de un mismo acontecimiento en un sistema de referencia inercial que tenga una velocidad (constante) respecto a ese sistema estacionario siempre será mayor. El tiempo no es absoluto, sino que se dilata, más cuanto más cerca se está de la velocidad de la luz. En el límite de moverse a la velocidad de la luz, el tiempo entre dos acontecimientos se vuelve infinito, es decir, se detiene.

Con la longitud de las cosas ocurre algo similar. La longitud de un objeto medida por un observador cuando el objeto está en reposo se denomina longitud propia. Cuanto mayor sea la velocidad a la que se desplaza el objeto (sin aceleración, siguiendo un movimiento rectilíneo uniforme, a velocidad constante) respecto del observador, más corta será la longitud medida. Es lo que llamamos contracción del espacio.

El espacio y el tiempo son como de goma: no son rígidos y absolutos, sino que se adaptan al hecho de que la velocidad de la luz sea la misma en todos los sistemas de referencia inerciales. Sin embargo, el tiempo propio y la longitud propia son invariantes, es decir, no cambian cuando se miden con sistemas de referencia distintos. Además de esos dos invariantes, la masa en reposo es la tercera de las propiedades invariantes en la relatividad. Sin embargo, antes de comprobar que la masa también es de goma, veamos qué les ocurre a los muones y a nuestros satélites GPS.

El viaje de los muones

Los muones son partículas subatómicas que, además de generase en los grandes aceleradores de partículas al colisionar a altas velocidades, en la naturaleza se forman en la alta troposfera, a unos 10 km de altura, por la interacción de los rayos cósmicos con determinadas moléculas del aire. La vida media de los muones es de unos 2,2 µs si se mueven a una velocidad de 0,98 c, es decir, casi a la velocidad de la luz. Desplazándose a esa velocidad y con ese tiempo de vida, la distancia que pueden recorrer son unos 660 m. Es decir, desaparecerían a poco más de 9 km de la Tierra y, por lo tanto, jamás podríamos detectarlo desde la superficie terrestre. Sin embargo, la realidad es muy distinta. Diariamente se detectan muones en la superficie de nuestro planeta. Incluso hay aplicaciones de *smartphone* que los detectan. Desde el sistema de referencia de la Tierra, situado en la superficie, el tiempo de vida de los muones se dilata en un factor de 5 por la elevada velocidad a la que se mueven y es de unos 11 µs. Pero no solo el tiempo se dilata: la longitud se contrae y desde la Tierra la distancia que atraviesan los muones no es de 10 km, sino que se reduce en un factor de 5 y es de 2 km. Esa dilatación del tiempo de vida y el acortamiento de la distancia es lo que permite que los muones puedan llegar a la superficie terrestre y ser detectados, como sin duda ocurre. No nos damos cuenta, pero el tiempo y el espacio que nos rodean son verdaderamente elásticos.

Los satélites GPS también deben tener en cuenta las correcciones en la dilatación del tiempo relativista. En esos satélites, que orbitan a 20.000 km de la superficie terrestre y giran a mucha velocidad alrededor de la Tierra (dan una vuelta en 12 horas), es clave una buena sincronización con la estación de la superficie terrestre (que podemos tomar como un sistema de referencia en reposo respecto al satélite). Los relojes atómicos incorporados en los satélites GPS tienen que ajustarse en cada vuelta que dan a la Tierra para que corran al mismo ritmo que los situados en la superficie.

El experimento de Hafele-Keating (véase el capítulo 4) fue el primer gran experimento que demostró empíricamente esos efectos relativistas.

La paradoja de los gemelos

Supongamos que hay dos gemelos. Uno de ellos emprende un viaje a una estrella próxima en una nave espacial que viajará a una velocidad constante cercana a la de la luz, mientras que el otro hermano se queda en la Tierra. Como el gemelo que viaja en la nave espacial lo hace durante un cierto tiempo a una velocidad cercana a la de la luz, su tiempo propio transcurre más despacio que el del gemelo que no viaja, que se queda en la Tierra. Ese hermano envejece más rápido que el que viaja. Cuando el gemelo viajero regrese y se encuentre con su hermano de la Tierra, este habrá envejecido mucho más.

La paradoja radica en el hecho de que, según la relatividad de movimientos de Galileo, considerar que es la Tierra la que está estática mientras la nave se desplaza a gran velocidad equivale a considerar que la nave está estática y es la Tierra la que se desplaza hacia atrás a gran velocidad; y, por lo tanto, sería el hermano de la Tierra el que debería de envejecer más despacio que el hermano viajero.

La solución a la paradoja la dio el propio Einstein en 1918 basándose en la teoría general de la relatividad y en el principio de equivalencia, que veremos más adelante. La aceleración de la nave para pasar del reposo a la velocidad de crucero, la desaceleración para detenerse cuando llega a la estrella de destino, la aceleración para alcanzar la velocidad cercana a la de la luz en el viaje de vuelta y la desaceleración una vez que llega a la Tierra tienen unos efectos en la dilatación del tiempo que no sufre el gemelo que se queda en la Tierra, ya que no se ve sometido a esas aceleraciones y desaceleraciones.

La dilatación del tiempo de un sistema de referencia se debe, por un lado, a los efectos cinemáticos, descritos por la teoría especial, y, por otro lado, a los gravitatorios o a las aceleraciones a las que están sometidos los sistemas de referencia, descritos por la teoría general de la relatividad.

La masa en reposo

La masa de una partícula que se mantiene en reposo respecto de un observador se denomina masa en reposo y es un invariante, una magnitud constante. Cuando un observador mide la masa de una partícula que se mueve respecto a él a una cierta velocidad, la medición no será la misma que la de esa masa cuando está en reposo respecto a él. Cuanta más velocidad tenga la masa respecto al observador, mayor será la masa que medirá.

Ese hecho tiene consecuencias importantes. Con más velocidad, la masa aumenta de modo exponencial y alcanza una asíntota a una velocidad igual a la de la luz. La masa se vuelve entonces infinita. Si recordamos el concepto de masa, eso quiere decir que la resistencia del cuerpo al cambio de movimiento es infinita y, por lo tanto, no puede seguir ganando velocidad. Por eso se dice que ningún cuerpo que tenga masa puede alcanzar la velocidad de la luz en el vacío, $c = 3 \cdot 10^8$ m/s. Cuanto más se acerca un objeto a la velocidad de la luz, mayor se vuelve su masa y, por lo tanto, más energía hay que suministrarle para poder aumentar su velocidad. Por esa razón, las partículas no pueden desplazarse a la velocidad de la luz en el vacío. Solo los fotones, que no tienen masa, se mueven a esa velocidad.

Este razonamiento es clave para el desarrollo de la segunda parte de la teoría de la relatividad, la relatividad general.

PRINCIPIO DE EQUIVALENCIA

El concepto de masa ya se ha tratado... Pero ¿qué es exactamente la masa? Supongamos que aplicamos una fuerza F a un cuerpo de masa m_i y que este acelera. A esa masa m_i la llamamos masa inercial porque es la propiedad que tienen los cuerpos de oponerse a los cambios de movimiento cuando se les aplica una fuerza mecánica. Newton ya se preguntó si esa resistencia que cuantifica la masa inercial sería la misma si la fuerza aplicada a un cuerpo fuera la fuerza de la gravitación, la fuerza que la Tierra ejerce sobre los objetos. La resistencia a cambiar el estado de movimiento de un cuerpo sería la masa llamada gravitacional, m_g. Newton postulaba que las dos masas deberían ser iguales, ya que la inercial cuantifica qué resistencia tiene un cuerpo a cambiar su estado de movimiento, mientras que la gravitacional cuantifica cómo esa masa atrae a otras. Experimentalmente, se ha comprobado que las dos masas son iguales con una precisión de al menos una millonésima de miligramo, que es la máxima de los equipos de medición actuales.

El principio de equivalencia de Einstein postula que las dos masas son idénticas y que los efectos inerciales y los gravitacionales son indistinguibles. Un ejemplo nos puede ayudar a entender este principio de equivalencia. Supongamos que hay dos personas observadoras, A y B, y un ascensor situado en mitad del Universo, lejos de cualquier planeta o masa que le pueda generar una atracción gravitatoria, y que tiene las paredes opacas. El observador A se coloca dentro del ascensor con un objeto de masa m y no puede ver lo que hay fuera. El observador B se encuentra en el exterior y sí ve lo que ocurre dentro del ascensor. Este acelera verticalmente hacia arriba, con una aceleración de 9,8 m/s². Al soltar el objeto de masa m, el observador A percibirá que cae hacia abajo con una aceleración de 9,8 m/s². El observador B, desde el exterior, pensará que el objeto de masa m está acelerando verticalmente hacia arriba, con el ascensor.

Repetimos el experimento, pero ahora el ascensor está parado en la Tierra. Cuando el observador A suelta el objeto de masa m, este cae, como antes. El observador B podrá decir que el objeto cae por la acción de la gravedad. La importancia de este experimento es que el observador A no podrá distinguir cuál es la causa que hace caer el objeto de masa m en ambos experimentos. Un sistema de referencia acelerado lejos de la acción gravitatoria es equivalente a un sistema de referencia no acelerado en un campo gravitatorio. El principio de equivalencia es la base de la teoría general de la relatividad.

TEORÍA GENERAL DE LA RELATIVIDAD

La teoría general de la relatividad sostiene que la gravedad puede interactuar con los rayos de luz. El principio de equivalencia permite razonarlo. Supongamos que hay una nave espacial en reposo, como ilustra la figura 9, con dos focos emisores de luz: uno está situado en la parte frontal (foco F) y el otro se encuentra en la trasera (R). Un observador se coloca en la parte delantera, en el foco F. La nave empieza a acelerar horizontalmente y, de manera simultánea, los dos focos emiten un rayo de luz, de igual frecuencia y longitud de onda. La luz que sale de R tarda un tiempo finito en llegar a F. En el tiempo de tránsito del rayo, la nave y el observador han ido acelerando y aumentando su velocidad, mientras que el rayo ha continuado moviéndose a la velocidad de la luz, c, en el tiempo de tránsito de R a F, ya que la velocidad de la luz no depende del sistema de referencia, tal como postula la teoría especial de la relatividad. En consecuencia, el observador verá una longitud de onda menor en la luz que va de R a F (donde él se encuentra) en comparación con la luz que va de F a R. Observará cómo se produce un efecto Doppler en los rayos de luz: un corrimiento al rojo de la luz que va de F a R y un corrimiento al azul de la luz que va de R a F.

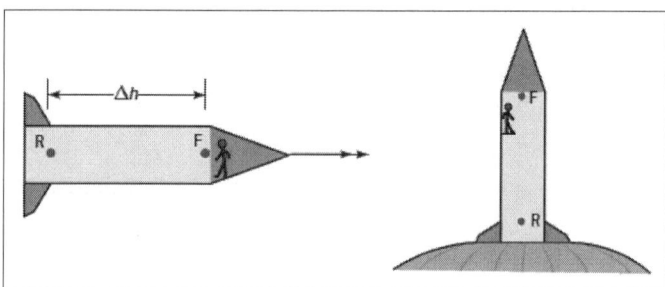

Figura 9. Según el principio de equivalencia, los efectos de una aceleración y los gravitacionales son indistinguibles.

El principio de equivalencia postula que los efectos de un sistema acelerado no se pueden diferenciar de los de un sistema en reposo bajo la acción de un campo gravitatorio. Consideremos la nave verticalmente, en reposo, sobre la superficie de un planeta. En la base se sitúa el foco R, y en la parte de arriba, el foco F y el observador, como indica la figura 9.

Los efectos gravitatorios actuarán de modo similar a como lo hacía la aceleración en el caso anterior. La luz observada desde R tendrá un corrimiento al rojo respecto de la luz observada desde F, que se verá desplazada hacia el azul. La gravedad modifica la frecuencia de la luz.

El cambio de frecuencia de la luz está relacionado con el cambio en el tiempo de oscilación de la onda electromagnética, es decir, del período de la onda. Por lo tanto, la gravitación puede alterar y modificar el tiempo de oscilación. Se habla de una dilatación temporal gravitacional, adicional a la dilatación temporal debida a sistemas de referencia que tenían velocidades cercanas a la de la luz. Un observador verá que los relojes van más despacio cuanto mayor sea la intensidad del campo gravitatorio. Un observador situado en la cima del Everest verá que el tiempo transcurre más lentamente para los relojes situados en la superficie de la Tierra.

Los relojes de los satélites GPS que orbitan alrededor de la Tierra deben adelantarse 45 µs cada 24 horas para mantenerse sincronizados con los situados en la superficie terrestre, debido a la dilatación temporal causada por la diferencia del campo gravitatorio entre la superficie terrestre y la órbita de los satélites GPS. Ese tiempo de corrección es independiente de los 7 µs debidos a la dilatación temporal causada por la mayor velocidad de los satélites, como predice la teoría especial. La combinación de los dos efectos relativistas conlleva que los satélites deban adelantarse 38 µs todos los días a fin de poder dar lecturas precisas para el posicionamiento de los GPS. Sin los efectos relativistas, la acumulación llegaría a 100 segundos de error, con un posicionamiento erróneo de hasta 10 km cada día.

Curvatura de la luz

Basándose en el principio de equivalencia, Einstein predijo que un cuerpo masivo debería desviar la luz. En la teoría de la relatividad general, Einstein formula las denominadas ecuaciones de campo, que indican que la gravedad es el efecto que se observa cuando el espaciotiempo se curva por la presencia de masa y energía. Poco tiempo después de que Einstein publicara esa nueva concepción de la gravedad, el inglés Eddington viajó a la costa occidental de África para observar el eclipse total del Sol de 1919. El objetivo era, gracias a la ocultación del Sol por el disco lunar, observar estrellas alrededor del disco solar, en posiciones que no se corresponderían con las reales; sin embargo, debido a la atracción gravitatoria que crearía el Sol, la luz de esas estrellas sí sería visible. El resultado fue todo un éxito y confirmó las predicciones de Einstein. Un campo gravitatorio es capaz de curvar la luz. Pero ¿cómo es posible que la luz sea atraída por una masa si no tiene masa? La paradoja es muy sencilla. Bajo una concepción newtoniana, la gravedad interactúa entre los cuerpos que tienen masa. Si la luz se ve afectada por la gravedad, significa que debe tener masa. Pero eso no puede ser, ya que entonces no podría moverse a la velocidad de la luz. Einstein, con sus ecuaciones de campo, demuestra que lo que curva la gravedad es el espaciotiempo, por el cual se desplaza la luz. Si el espaciotiempo se curva, la luz que se mueve por él también lo hará.

Agujeros negros de Schwarzschild

Pocas semanas después de que Einstein publicara la teoría general de la relatividad con las ecuaciones de campo que describían el espaciotiempo, Karl Schwarzschild fue el primero en resolverlas. Para ello, asumió un espaciotiempo esférico, sin rotación. En su solución, el cambio de frecuencia de los fotones de luz como consecuencia del corrimiento al rojo gravitacional depende de la relación entre la distancia de la luz al centro de la masa del cuerpo que crea el campo gravitatorio, r, y una distancia al cuerpo masivo que se denomina radio de Schwarzschild, R_s. Por encima de esa distancia ($r > R_s$), la gravedad sigue la ley de la gravitación universal de Newton, pero, por debajo de ella ($r < R_s$), la física newtoniana no es aplicable. La zona de frontera, $r = R_s$, se denomina horizonte de sucesos. No es una frontera real, ya que un cuerpo puede atravesarla y entrar en el horizonte de sucesos desde el exterior. Sin embargo, lo contrario no es posible. Esa frontera representa la superficie donde la fuerza del campo gravitatorio es tan intensa que nada puede escapar, ni siquiera la luz. El espaciotiempo está curvado por la masa del cuerpo con tanta fuerza que ni siquiera los rayos de luz pueden escapar del interior del horizonte de sucesos. Como ni siquiera la luz puede escapar, esos cuerpos se llaman agujeros negros.

Los relojes (las vibraciones, el paso del tiempo) en una zona con un campo gravitatorio intenso corren más despacio que un reloj en ausencia de gravedad, tal como se desprende del principio de equivalencia y de la teoría general de la relatividad. Un observador que se dirija desde el exterior hacia el horizonte de sucesos de un agujero negro comprobará que su reloj va más despacio respecto a uno situado en una órbita lejana al horizonte de sucesos, hasta el punto de que el reloj se detendrá en el horizonte de sucesos. El tiempo se para en esa zona o, dicho en otras palabras, el tiempo entre dos sucesos es infinito. Un segundo sería eterno justo en el horizonte de sucesos.

Hasta aquí, los agujeros negros forman parte de la solución de las ecuaciones de campo de la teoría de la relatividad de Einstein. Sin embargo, a partir de mediados del siglo XX, el interés por los agujeros negros creció y la investigación experimental de los agujeros negros en el Universo aumentó. En 1939, Robert Oppenheimer predijo que una estrella masiva (unas tres veces más grande que nuestro Sol) podría colapsar gravitacionalmente sobre sí misma y formar un agujero negro. Así pues, los agujeros negros podrían ser una realidad. Se han detectado agujeros negros en el Universo de manera experimental, lo que es una prueba más de la teoría de Einstein. En 2004, por ejemplo, los astrofísicos detectaron un agujero negro muy masivo en el centro de una galaxia lejana, a unos 12.700 millones de años luz. No obstante, el descubrimiento reciente más relevante fue el de 2016: uno de los montajes experimentales más

importantes de la física permitió detectar las ondas gravitatorias generadas por la fusión de dos agujeros negros (se describe en el capítulo 4).
Desde mediados del siglo XX hasta la fecha, se han detectado cientos de
agujeros negros en el Universo.

Después del enunciado de la teoría de la relatividad general, durante
muchos años la constatación teórica y experimental de los agujeros negros hizo pensar que nada podía escapar de su interior. Sin embargo, hoy
en día se sabe que los agujeros negros quizá no son tan negros y pueden
emitir radiación, la denominada radiación de Hawking. La labor de ese físico inglés se basa en aplicar la teoría cuántica al horizonte de sucesos de
un agujero negro. Según el principio de incertidumbre, en el horizonte
de sucesos se puede formar un par de partícula-antipartícula de vida muy
corta. Una partícula de ese par puede caer dentro del horizonte de sucesos, mientras que la otra puede escapar. Según el principio de conservación de la masa, la masa del agujero negro debería disminuir para compensar la energía que se lleva la partícula que escapa del agujero negro, y
lo haría mediante energía en forma de radiación, la radiación de Hawking. Ese proceso tendría lugar dentro del agujero negro y, por lo tanto,
los agujeros negros, en el fondo, no serían tan negros..., podrían emitir un
tipo particular de radiación.

¿Qué sucedería en el interior del horizonte de sucesos, donde el campo gravitatorio es tan intenso que ni siquiera la luz puede escapar? La física actual no tiene ninguna respuesta a esa pregunta, ya que la física que
rige el interior de un agujero negro es totalmente desconocida.

PRINCIPIO DE EQUIVALENCIA MASA-ENERGÍA

En su teoría de la relatividad especial, Albert Einstein diferenció los sistemas completamente aislados de los sistemas aislados térmicamente, ya
que se dio cuenta de que, en un sentido estricto, el principio de conserva-

ción de la masa solo es válido para sistemas cerrados, aquellos en los que no se produce ningún tipo de intercambio con el entorno. En esos sistemas, la masa no es más que un estado de la energía y el principio de conservación de la masa tiene el mismo significado que el principio de conservación de la energía. La energía en un sistema aislado es constante y, por lo tanto, también lo es la masa. La energía de ese sistema aislado puede transformarse de una forma a otra, pero nunca puede crearse o destruirse. Es lo que determina el primer principio de la termodinámica.

Así lo establece el principio de equivalencia masa-energía: el cambio en la masa de un sistema está asociado al cambio en la energía de ese sistema, lo que se representa mediante la expresión $E = m \cdot c^2$. Es decir, la masa y la energía están relacionadas mediante esta expresión, donde c es la velocidad de la luz.

PRINCIPIO COSMOLÓGICO

Como consecuencia del éxito de la teoría de la relatividad general de 1915, Einstein la quiso aplicar a la dinámica del Universo, un campo que él mismo calificó de extremadamente complejo. A fin de sintetizarlo, Einstein propuso dos simplificaciones referentes al Universo a gran escala: que es homogéneo y que es isótropo.

La primera hipótesis viene a decir que el Universo es el mismo en todas partes, con la misma densidad, mientras que la segunda apunta que tiene el mismo aspecto miremos donde miremos, en cualquier dirección tiene la misma apariencia. Puede parecer que ambas hipótesis son iguales, pero no es así. La segunda también viene a decir que no ocupamos ningún lugar privilegiado dentro del Universo y que no estamos en ningún sistema de referencia especial en relación con el resto del cosmos. Supongamos que estuviéramos al borde de un universo cerrado y que, al mirar hacia el exterior, viéramos un número limitado de galaxias que nos enviaran fotones de luz, mientras que, mirando hacia el centro de ese universo, viéramos un mayor número de galaxias y cuerpos celestes que nos enviaran fotones. De hecho, eso no es así: el Universo es isótropo.

Esas dos premisas de la teoría de Einstein se conocen como principio cosmológico, el cual permitió ofrecer una visión sobre cómo es el Universo. De él se derivan tres universos posibles: plano e infinito, esférico y finito, y curvado e infinito.

Cuantificar exactamente la cantidad de materia y materia oscura que contiene el Universo es clave para determinar en cuál de los tres universos habitamos. Existe una densidad crítica de materia que haría que el Universo fuera plano e infinito, en el cual la fuerza gravitatoria de la materia podría compensar la expansión. Con menos densidad crítica, el Universo sería abierto e infinito, mientras que, con más masa crítica, sería cerrado y finito. Parece que la densidad crítica no supera las diez partículas por metro cúbico en el Universo; el estado de la investigación actual sugiere que su densidad media se encuentra alrededor de ese valor.

LEYES DE NEWTON

Si hay alguna ley de la física que casi todo el mundo recuerda de su paso por el instituto es, sin duda, el conjunto de las leyes de Newton. Son tres leyes que rigen el movimiento de los cuerpos sometidos a fuerzas. Las estableció por primera vez Isaac Newton en 1687, en la obra *Philosophiae naturalis principia mathematica*.

Primera ley, o ley de la inercia: si sobre un cuerpo no actúa ninguna fuerza, ya sea porque no la hay, ya sea porque las que actúan se contrarrestan, ese cuerpo se encuentra en reposo o siguiendo un movimiento rectilíneo con una velocidad uniforme. Es importante ver que, desde un punto de vista mecánico, el reposo (velocidad cero) y el movimiento rectilíneo y uniforme (velocidad constante, sin aceleración) son equivalentes. Si dejamos caer una manzana cuando estamos parados en la calle, lo hace verticalmente. Si repetimos el experimento dentro de un avión a 900 km/h uniformes, el resultado es el mismo. Una mosca que vuela dentro de un apartamento lo hará igual que si vuela dentro de un tren TGV a 300 km/h uniformes. En otras palabras, también podríamos decir que un cuerpo seguirá en línea recta siempre que sobre él no actúe ninguna fuerza que lo desvíe de su trayectoria. Porque, de hecho, los cuerpos tienen inercia al movimiento, es decir, resistencia al cambio de movimiento. Sin embargo, eso se ve mejor en la segunda ley.

Segunda ley, o ley fundamental: cuando aplicamos una fuerza neta sobre un cuerpo, este acelera, empieza a adquirir velocidad y se mueve cada vez más rápido. La relación entre la fuerza aplicada sobre el cuerpo y la aceleración que adquiere es proporcional. Es decir, si doblamos la fuerza aplicada, doblamos la aceleración. La constante de proporcionalidad entre esa fuerza y la aceleración se llamó inicialmente coeficiente de inercia, ya que Newton se dio cuenta de que, aunque la relación entre fuerza y aceleración es lineal, los cuerpos masivos aceleran más despacio que los menos pesados. Por ello se dice que la masa es la constante de proporcionalidad entre la fuerza y la aceleración. Por esa razón, todos aprendimos de pequeños en la escuela que $F = m \cdot a$. No obstante, estrictamente hablando, la ley debería escribirse como $F = k \cdot a$, y a esa constante k la llamamos masa.

Hablemos un poco de la masa.

La masa

La masa es una magnitud que cuantifica el grado de resistencia que tiene un cuerpo a cambiar su estado de movimiento, es decir, a acelerar si está parado o a desacelerar si tiene una cierta velocidad inicial. Cuanta más masa tiene un cuerpo, más le cuesta acelerar. Supongamos que hay una pulga de 1 g de masa y un elefante de 1.000 kg en mitad del Universo, lejos de cualquier cuerpo celeste que pueda ejercer la mínima fuerza gravitacional sobre ellos. Aplicamos una fuerza, por ejemplo, de 1.000 N. ¿Cuál de los dos saldrá hacia adelante más rápido? Más estrictamente, ¿cuál de los dos adquirirá un mayor valor de aceleración? El sentido común nos dice que la pulga. Y así es. No obstante, fijémonos en que la fuerza que les aplicamos es la misma: 1.000 N. Como la pulga tiene menos masa, opone menos resistencia al cambio de movimiento, mientras que el elefante, al tener más, ofrece más resistencia. La pulga acelerará a razón de 10^6 m/s², mientras que el elefante lo hará a 1 m/s².

El peso

El peso y la masa no son lo mismo, aunque por lo común no los diferenciemos: «Cuánto pesas?» «Setenta kilos, pero póngame cuatro kilos de tomates». Ya hemos dicho que la masa es un índice que cuantifica la resistencia de un cuerpo a cambiar su estado de movimiento y que se expresa en kilogramos en el sistema internacional de medidas. El peso, en cambio, es la fuerza con que la Tierra, o cualquier otro planeta, atrae a los cuerpos hacia su centro. Como fuerza que es, se expresa con la unidad newton en el sistema internacional de unidades. La masa es una unidad fundamental, el peso, una unidad compuesta.

Aunque son distintos, el peso y la masa tienen una relación muy clara. Cuanta más masa tiene un cuerpo, mayor es la fuerza con que lo atrae la Tierra o cualquier otro planeta. Y a la inversa, cuanto más pequeño es un cuerpo, menor es la fuerza con que la Tierra lo atrae.

El peso de un cuerpo se cuantifica a partir de la segunda ley de Newton, multiplicando la masa por la aceleración que adquiere debido a la gravitación del planeta. En el caso de la Tierra, esa aceleración, en su superficie, es de 9,8 m/s². Así pues, 10 kg de chinchetas tienen una masa de eso, 10 kg, y un peso de 98 N. Si lleváramos esas chinchetas a la Luna, donde la aceleración de la gravedad es de aproximadamente 1,7 m/s², la masa seguiría siendo de 10 kg, pero el peso sería de 17 N. En Marte, esos 10 kg de chinchetas tendrían un peso de 37 N, ya que en ese planeta la aceleración de la gravedad es de 3,7 m/s².

Más adelante insistiremos en el concepto de masa, en la diferencia entre masa inercial y masa gravitacional, en la teoría de la relatividad.

No todas las fuerzas existen: las fuerzas ficticias

La masa es una manera de indicar la resistencia de un cuerpo a ser acelerado, a cambiar su estado de movimiento. Por lo tanto, un cuerpo, que siempre tiene masa, siempre presenta cierta oposición a variar su estado de movimiento o de reposo. Eso hace que, muy a menudo, surjan fuerzas ficticias, que no existen realmente aunque puedan parecernos muy reales. No obstante, son eso: fuerzas ficticias.

Un buen ejemplo de una de esas fuerzas lo encontramos al observar qué le sucede a nuestra cabeza cuando el autobús arranca después de detenerse en una parada para que suba la gente. Imaginemos que estamos sentados. Cuando el autobús acelera hacia adelante gracias a la fuerza que ejerce el motor, notamos que la cabeza se nos va hacia atrás aunque la fuerza del autobús va hacia adelante. Sin embargo, en realidad, la cabeza no se va hacia atrás. Lo que sucede es que el cuerpo se va hacia adelante, como el autobús. El trasero está en contacto con el asiento y este lo está con el chasis del autobús, que se va hacia adelante. Por lo tanto, el trasero, junto con el asiento, acelera hacia adelante y arrastra al cuerpo en esa dirección. Pero la cabeza, que no está en contacto con el asiento, no nota esa aceleración de forma inmediata y tiende a quedarse en el estado de reposo en el que se encontraba antes de acelerar. Si el cuerpo se va hacia adelante y la cabeza tiende a permanecer en el estado de reposo previo a la aceleración, lo que notamos es que se va atrás, pero eso ocurre porque el cuerpo se va hacia adelante. La cabeza está conectada con el cuerpo a través del cuello y casi instantáneamente se va hacia adelante siguiendo al cuerpo y al autobús.

Así pues, es el cuerpo el que se va hacia adelante y arrastra a la cabeza, que, en un principio, tiende a quedarse quieta, y eso es lo que hace que tengamos la sensación de que se nos va hacia atrás. Para acabar de estar convencidos, podemos ver qué hacen las cabezas de las personas que van dentro del autobús cuando este acelera, pero ahora lo observaremos desde el suelo, desde la parada del autobús. Veremos que, en cuanto el autobús arranca, las cabezas se van hacia adelante, sin hacer ningún retroceso.

Ocurre lo mismo cuando un vehículo se detiene de golpe. Cuando circulamos en coche, nuestro cuerpo se mueve a la misma velocidad que el vehículo. Un frenazo o una colisión detendrán el coche de golpe, pero no nuestro cuerpo, que tenderá a quedarse en el estado de movimiento en el que se encontraba, en este caso, a seguir en línea recta. Sin embargo, nuestro coche se detiene de golpe y, enseguida, el cristal y nuestra cabeza se encuentran, ¡y de manera muy violenta! Para que no lo hagan, la única solución es un cinturón que, en caso de colisión o frenazo, impida que nuestro cuerpo siga moviéndose hacia adelante.

La fuerza centrífuga es otro caso de fuerza ficticia. Aunque, cuando tomamos una curva, notamos claramente que nuestro cuerpo tiende a desplazarse hacia el exterior de la curva y lo atribuimos a una fuerza centrífuga, en realidad no existe ninguna fuerza que nos expulse hacia afuera; por el contrario, hay una fuerza asociada a una aceleración que nos empuja hacia el centro de la curva, conocida como fuerza centrípeta. Imaginemos que vamos en coche y tomamos una curva a la izquierda. Notamos que, efectivamente, el vehículo gira hacia la izquierda, pero nosotros tenemos la sensación de que nos expulsan hacia la derecha y argumentamos que sobre nosotros aparece una fuerza centrífuga que nos expulsa en sentido contrario al giro. No obstante, como decíamos al principio, esa fuerza centrífuga es ficticia, no existe. Lo que realmente existe es una fuerza que hace que el coche gire y, por lo tanto, tienda a ir hacia el centro de la curva a medida que avanza. Esa fuerza se llama fuerza centrípeta. Pero analicemos bien por qué es así.

Inicialmente, el coche circulaba en línea recta. Si giramos el volante a la izquierda, el coche tenderá a seguir en línea recta, porque tiene masa y, como ya sabemos por los apartados anteriores, la masa es una medida de la resistencia que tiene un cuerpo a cambiar su estado de movimiento. La fuerza de rozamiento de los neumáticos con el asfalto impide que el coche prosiga su trayectoria rectilínea y lo hace girar hacia la izquierda. Y, claro está, lo hacen el coche y todo lo que está en contacto con él, como el trasero de los ocupantes, que también gira hacia la izquierda, pero, en cambio, no lo hacen la cabeza y el tronco, que tienden a seguir en línea recta. La sensación que percibimos entonces es que los ocupantes del vehículo se van hacia la derecha, pero, en realidad, todo gira hacia la izquierda, salvo la cabeza y el tronco, que tienden a seguir en línea recta y, por lo tanto, se acercan al cristal. De nuevo, para acabar de convencernos, observaremos desde la cuneta hacia dónde tienden a moverse los ocupantes de un coche mientras toma una curva... Efectivamente, lo hacen siguiendo la curva y no en sentido contrario.

Por último, la tercera ley de Newton, o ley de acción y reacción: cuando una fuerza actúa sobre un cuerpo, fuerza que se denomina acción, el cuerpo reacciona a ella con una fuerza que tiene un valor y una dirección iguales, pero un sentido opuesto y que se llama reacción. Siempre que hay una acción, hay una reacción. La fuerza de nuestro peso, por ejemplo, ejerce una fuerza hacia el suelo, hacia el centro de la Tierra. El suelo reacciona con una fuerza idéntica al peso, pero de sentido contrario, hacia arriba, fuerza que se denomina normal. La fuerza normal y el peso están compensados y, por ello, no nos hundimos en la Tierra.

LA SEGUNDA LEY DE NEWTON PARA LAS ROTACIONES:
LA LEY DE LA PALANCA

La segunda ley de Newton suele centrarse en las traslaciones. Pero ¿qué ocurre si aplicamos una fuerza sobre un cuerpo que gira sin trasladarse? ¿Cómo se expresa entonces la segunda ley de Newton? Cuando se aplica una fuerza sobre un objeto y lo hace girar, lo que realmente hace girar el cuerpo no es solo la fuerza, sino una magnitud que se llama momento de la fuerza. Es el resultado del producto de la fuerza por la distancia entre el centro de giro y el punto de aplicación de la fuerza. Si la fuerza aplicada es igual, pero hay más distancia, el momento de la fuerza es mayor y hay más facilidad de giro. Lo comprobamos cuando usamos una llave inglesa, por ejemplo. Cuanto mayor sea el brazo de la llave, más fácil nos resultará atornillar o aflojar un tornillo. Esa es la razón por la que los picaportes se colocan lejos del eje de giro de las puertas, ya que necesitaremos menos fuerza para moverlas que si el picaporte estuviera colocado, por ejemplo, en la mitad.

Pues bien, la segunda ley de Newton para la rotación establece que, cuando sobre un objeto que puede rotar respecto a un eje se aplica un momento de una fuerza, este es proporcional a la aceleración angular y la constante de proporcionalidad es el momento de inercia, que cuantifica el grado de resistencia de los cuerpos a girar (se explica en el capítulo 2, en el apartado sobre el principio de conservación del momento angular).

La ley de la palanca es una consecuencia de esta segunda ley para las rotaciones. Según la ley de la palanca, dado un punto de aplicación, es posible mover grandes masas si el brazo de palanca es suficientemente largo. En ese caso, una determinada fuerza puede hacer girar grandes masas que sería imposible mover aplicando esa misma fuerza. Eso explica la mítica frase de «Dadme un punto de apoyo y moveré el mundo». Solo es cuestión de tener un brazo de palanca suficientemente largo.

LEY DE LA GRAVITACIÓN UNIVERSAL

Dice la leyenda que Isaac Newton estaba debajo de un manzano a las afueras de su pueblo natal, Woolsthorpe, cerca de Londres, donde se había refugiado para evitar la peste que afectaba a la capital en 1666, cuando le cayó en la cabeza una manzana que lo distrajo de sus pensamientos y lo instó a reflexionar sobre la caída de los objetos. Desde la época de Aristóteles, el movimiento circular de los cuerpos celestes, entre ellos la Luna, era incuestionable. Eran movimientos circulares divinos, que no requerían ningún tipo de explicación: la esfera representa la perfección y Dios ha dotado a los cuerpos celestes de ese movimiento perfecto. Nada más que decir. En cambio, en la Tierra, donde domina la imperfección, el movimiento de los cuerpos podía ser de cualquier otro tipo, como el de la manzana que golpeó a Newton en la cabeza. Pero ¿y si el movimiento de caída de la manzana, causado por la fuerza de atracción de la Tierra, fuera el mismo que actúa sobre la Luna? Newton planteó una ruptura revolucionaria con el modelo aristotélico unificando las leyes del movimiento de los cuerpos terrestres con las de los celestes. La manzana y la Luna son atraídas por la Tierra con una fuerza idéntica: la de gravitación. La Luna cae hacia la Tierra en línea recta, como la manzana, pero, debido a su velocidad tangencial, se mantiene orbitando alrededor de ella a cierta distancia. Esa idea rompedora se quedó en una mera hipótesis durante unos cuantos años hasta que, entre 1680 y 1682, dos cometas se acercaron a la Tierra. Newton ayudó a su colega Edmund Halley a estudiar el movimiento de esos cometas (uno de los cuales llevó su nombre años más tarde), aplicando su hipótesis sobre la gravitación universal, y obtuvo unos resultados excelentes: la ley del movimiento de los cuerpos terrestres y la del movimiento de los celestes es la misma. Según la teoría de Newton, entre dos cuerpos existe una atracción gravitatoria que actúa en línea recta entre ambos y cuya fuerza es directamente proporcional al producto de sus masas e inversamente proporcional al cuadrado de la distancia que los separa.

La constante de proporción, que para Newton no tenía ninguna importancia especial, se volvió clave para la astronomía siglos después y su valor se determinó mediante uno de los experimentos más precisos que jamás se han realizado (véase en el capítulo 4).

Así pues, ¿una pelota de tenis atrae a la Tierra hacia arriba con la misma fuerza que la Tierra atrae a la pelota de tenis hacia abajo? La respuesta es sí: ambos cuerpos ejercen la misma fuerza el uno sobre el otro. Planteemos el experimento siguiente, teóricamente muy peligroso para el conjunto de todos los habitantes de la Tierra: suba a lo alto de una escalera con una pelota de tenis en la mano, cuente hasta tres y suéltela, de manera que quede en libertad, como la Luna. La fuerza gravitatoria de la Tierra la hará caer hacia abajo, la atraerá de la misma manera que la fuerza que la pelota ejerce sobre la Tierra hará que esta ascienda. Conviene recordar que la ley de la gravitación establece que la fuerza gravitatoria actúa entre dos cuerpos en línea recta y es la misma para ambos. No hace falta que se agarre muy fuerte a la escalera, porque, como ya debe suponer, la Tierra no se desplaza nada por la atracción de la pelota, sino que es ella la que termina cayendo sobre la superficie terrestre. La ley de la gravitación es correcta y la pelota atrae a la Tierra con la misma fuerza que la Tierra la atrae a ella. Lo que sucede es que la masa de la Tierra es mucho mayor que la de la pelota (10^{24} kg frente a 70 g) y, por lo tanto, la resistencia de la Tierra a moverse es mucho mayor que la de la pelota. La Tierra tiene mucha más inercia a permanecer en su estado de reposo respecto a la pelota.

Ahora bien, si la pelota de tenis tuviera la misma masa que la Tierra (obviamente, eso ya es un planteamiento teórico) y repitiéramos el experimento, cuando soltáramos la pelota desde lo alto de la escalera, sí deberíamos agarrarnos fuerte, porque entonces la pelota caería y la Tierra subiría…, ¡y eso sí sería ya un poco más movido!

LEYES DE KEPLER

La síntesis newtoniana, según la cual la ley de la gravitación no solo rige el movimiento de los cuerpos terrestres, sino también el de los celestes, se fundamentaba en los descubrimientos del movimiento planetario del astrónomo Tycho Brahe, quien midió la posición de los planetas en el cielo de modo sistemático y preciso durante una veintena de años. La labor iniciada por Brahe la continuó, tras su muerte, Johannes Kepler, quien transformó esas mediciones en un sistema de referencia exterior al Sistema Solar y las interpretó. Esperaba encontrar que el movimiento de los planetas alrededor del Sol sigue una trayectoria circular, como sostenía la teoría aristotélica de la época. Sin embargo, los datos no mostraban esa trayectoria, sino una elíptica. Así pues, Kepler enunció lo que hoy se conoce como la primera ley: los planetas se mueven alrededor del Sol en órbitas elípticas y el Sol está en uno de los focos de la elipse. Hay planetas, como la Tierra, en los que esa elipse es muy poco excéntrica y es prácticamente una circunferencia.

Kepler representó los datos de las observaciones de Brahe con cuadrantes y trazó una línea imaginaria entre el Sol y los planetas que orbitan a su alrededor. Se dio cuenta de que, en igualdad de tiempo, el área barrida por esa línea es la misma entre dos puntos de la trayectoria. Es decir, el área A1 y el área A2 de la figura 10 son iguales y el tiempo transcurrido es el mismo. Eso significa que los cuerpos celestes se desplazan a más velocidad cuando se acercan al Sol y que su velocidad orbital disminuye cuando se alejan. Esa es la razón por la que los cometas con órbitas elípticas, como el Halley, aumentan su velocidad al acercarse al Sol y la reducen al alejarse. Cuando están cerca del Sol, su velocidad es muy alta y, por ello, su observación desde la Tierra a menudo es muy breve. Esa segunda ley de Kepler se expresó años más adelante como una consecuencia del principio de conservación del momento angular, de manera que ocurre lo mismo que con las bailarinas: como el Sistema Solar es cerrado y sobre el planeta solo actúa la fuerza de la gravitación del Sol, el momento angular de ese planeta se mantiene constante. A medida que el radio de giro disminuye, su velocidad angular aumenta para mantener constante el momento angular. Y, cuando el radio aumenta (se aleja del Sol), la velocidad angular disminuye. Y es que ya lo dicen, que los planetas danzan alrededor del Sol...

La tercera y última ley de Kepler relaciona el tiempo que un planeta (o un satélite) tarda en dar una vuelta al Sol (o a un planeta) con la distancia a este. Kepler obtuvo que el período al cuadrado es directamente proporcional al cubo del semieje mayor de la elipse que describe.

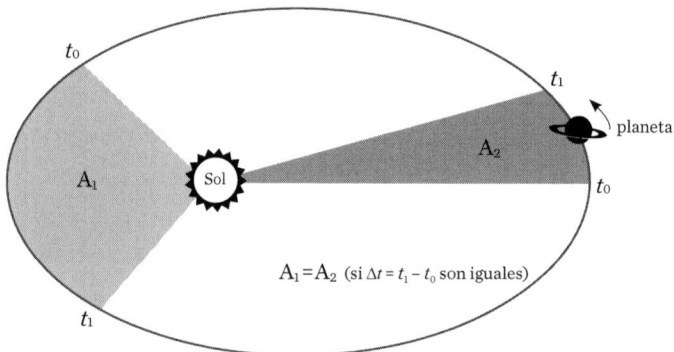

Figura 10. Según la segunda ley de Kepler, en el mismo instante de tiempo, el vector radio que une el Sol (punto central) y un planeta que describe una órbita elíptica barre áreas iguales. Esta ley es una consecuencia del principio de conservación del momento angular.

LEY DE HOOKE

Si alguna vez ha tirado con arco o ha disparado con un tirachinas, habrá comprobado que, cuanto más tensamos la cuerda del arco o la goma del tirachinas, más fuerza tenemos que hacer para seguir tensándola. Cuanto más la separamos, más fuerza debemos aplicar. Al principio, cuando apenas hemos separado la cuerda del arco o la goma del tirachinas, no cuesta continuar tensando, pero, a medida que vamos alejando la flecha o la piedra de la posición de reposo en la que se encontraba inicialmente, nos cuesta más tensar. Podríamos concluir, sin equivocarnos, que la fuerza que tenemos que hacer para tensar depende de la distancia a la que nos encontremos del punto inicial. Sin quererlo, con este ejercicio experimental, acabamos de toparnos con la ley de Hooke. Esta ley relaciona la fuerza que ejerce un sistema elástico para recuperar su posición inicial (o, de manera equivalente, la fuerza que debemos aplicar para tensar y vencer esa elasticidad) con la posición a la que se encuentra el sistema elástico respecto a la posición de equilibrio. La ley de Hooke enuncia que la fuerza recuperadora que actúa sobre un cuerpo elástico (un muelle, una goma, etcétera) es directamente proporcional a la distancia a la que se encuentra respecto al punto de equilibrio. Por ello, cuanto más separamos la goma del tirachinas, más fuerza tenemos que hacer para vencer la fuerza recuperadora que ejerce la goma sobre los dedos.

Esta ley puede parecer, en un principio, un caso particular, curioso si uno quiere, propio de algunos medios elásticos. Sin embargo, en la naturaleza hay fuerzas que siguen ese patrón elástico y, por lo tanto, verifican la ley de Hooke. Por ejemplo, la vibración de los átomos en un sólido o un gas se produce bajo la acción de una fuerza elástica.

LEY DE COULOMB

Una experiencia muy interesante consiste en inflar un globo y, una vez hecho el nudo para que el aire no salga, frotarlo con un trapo o un jersey de lana, o con nuestro propio cabello. Abrimos el grifo solo lo suficiente para que salga un chorrito de agua. A acercar el globo al chorrito, pero sin que se moje, comprobaremos que este se desvía y se acerca al globo. Al aproximar el globo a los papelitos que hay sobre la mesa, estos se verán atraídos por él en masa. Incluso si acercamos el globo a alguien que tenga el pelo largo, se le pondrá de punta.

Esta fuerza se origina cuando dos cuerpos adquieren carga eléctrica neta, como ocurre con el globo al frotarlo. La ley de Coulomb es la que cuantifica la fuerza que ejercen entre sí dos cargas eléctricas en estado estacionario cuando se encuentran separadas una cierta distancia. Es una ley experimental, publicada en 1785 por el físico francés Charles Augustin de Coulomb. Los cuerpos son neutros eléctricamente, pero pueden adquirir una carga eléctrica neta si les añadimos o les quitamos electrones. Los cuerpos con cargas del mismo signo se repelen, se separan entre sí, mientras que los que tienen cargas de signo contrario se atraen. La fuerza con la que lo hacen, la denominada fuerza de Coulomb, se describe mediante la ley de Coulomb, según la cual la fuerza entre dos cuerpos cargados eléctricamente es directamente proporcional al producto de las cargas e inversamente proporcional al cuadrado de la distancia que las separa. Es una fuerza que tiene la misma estructura que la fuerza gravitatoria, pero, en vez de estar determinada por las masas, lo está por las cargas eléctricas. Cuanto más alejadas estén, más débil será la fuerza, pero nunca será nula. Si las alejamos una cierta distancia, la fuerza se debilitará de manera cuadrática. Es decir, si dos cargas están separadas 1 m y las alejamos 2 m, la fuerza disminuirá en un factor de 4.

Pero ¿por qué la ley de Coulomb afecta solo a las cargas y no, por ejemplo, a las masas? La respuesta es compleja y tiene que ver con las cuatro fuerzas que existen en el Universo, descritas en el capítulo 2. Toda carga eléctrica, por el solo hecho de tener esa propiedad intrínseca que llamamos carga, genera a su alrededor lo que se denomina campo eléctrico, una región del espacio en la que se manifiestan los efectos eléctricos creados por esa carga. Ese campo eléctrico interactúa con los objetos de alrededor, pero la interacción solo es evidente en los cuerpos que tienen carga eléctrica, a través de la ley de Coulomb. El campo eléctrico generado por una carga es proporcional al valor de la propia carga que lo origina e inversamente proporcional al cuadrado de la distancia entre la carga y el punto en el que se mide el campo eléctrico.

A menudo se habla de campos eléctricos y de sus efectos sobre la salud. En el capítulo 5 hablaremos de ello, especialmente de las antenas de telefonía y los enrutadores (*routers*) wifi.

LEY DE BIOT Y SAVART, LOS IMANES Y LA FUERZA DE LORENTZ

Toda carga eléctrica genera un campo eléctrico a su alrededor. Eso es un hecho experimental, que se ha cuantificado a través de la ley de Coulomb y que podemos experimentar fácilmente, por ejemplo, frotando un trozo de plástico con un trapo para atraer papelitos. Lo que es un poco más complicado es comprobar que toda carga eléctrica que se mueve genera, además de un campo eléctrico, un campo magnético a su alrededor. Si la carga no tiene velocidad, no existe ningún campo magnético; este aparece cuando la carga tiene velocidad. La ley de Biot y Savart cuantifica ese campo magnético. El campo magnético generado por esa carga tiene su valor máximo en la dirección perpendicular a la velocidad y es nulo en la dirección de propagación de la carga, es decir, hacia adelante y hacia atrás de ella. Ese campo magnético alrededor de la carga debemos visualizarlo en tres dimensiones. Supongamos que la carga se desplaza a cierta velocidad en línea recta, de izquierda a derecha. A lo largo de la dirección de propagación, el campo magnético generado es cero y es máximo en las direcciones perpendiculares a la velocidad. La ley de Biot y Savart también establece que la dirección y el sentido del campo magnético generado son coaxiales con el eje de movimiento de la carga y que su intensidad decrece de forma inversamente proporcional a la distancia. La figura 11 muestra un esquema de la dirección y el sentido del campo magnético que genera una carga en movimiento.

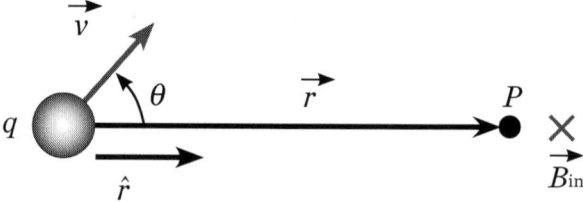

Figura 11. Según la ley de Biot y Savart, cuando una partícula cargada, con carga q, tiene una cierta velocidad, $\vec{v}$, en un punto P situado a una cierta distancia, $\vec{r}$, se genera un campo magnético, $\vec{B}$, perpendicular al plano que forman la velocidad y la distancia al punto P.

Los electrones son cargas eléctricas que orbitan alrededor del núcleo atómico, están en movimiento continuo y, por lo tanto, según la ley de Biot y Savart, generan un campo magnético a su alrededor. En gran parte de los materiales, el sentido de movimiento de los electrones es aleatorio, de manera que los distintos pequeños campos magnéticos creados por ellos se compensan entre sí. Esa es la razón por la que la mayoría de los materiales no son imanes. Sin embargo, hay algunos, como la magnetita, en los que los electrones tienen un mismo sentido de giro y los pequeños campos magnéticos que crean no se compensan entre sí. Entonces se refuerzan mutuamente y el material tiene asociado un campo magnético permanente. Eso es un imán.

La fuerza de Lorentz aparece sobre las cargas eléctricas en movimiento cuando se someten a un campo magnético externo. Supongamos que tenemos un campo magnético creado, por ejemplo, por un imán. Si la carga eléctrica está en reposo, el campo magnético externo y la carga no interactúan. Cuando la carga eléctrica se desplaza a cierta velocidad, entonces aparece una fuerza magnética sobre esa carga, denominada fuerza de Lorentz, que es perpendicular al plano que forman la velocidad y el campo magnético. La fuerza de Lorentz desvía las cargas de su trayectoria rectilínea y hace que describan circunferencias o espirales.

LEY DE FARADAY-LENZ

Si hay una aplicación del mundo de la física que ha cambiado nuestra manera de vivir es, sin duda, la electricidad. Poder generarla, controlarla y aplicarla a los numerosos dispositivos e inventos que hemos creado ha sido seguramente uno de los mayores avances de la humanidad, quizá el más importante. Michael Faraday y Emil Lenz descubrieron la manera de generar una corriente eléctrica moviendo un imán dentro de un cable enrollado en forma de circunferencia que se conoce como espira. No hace falta nada más para crear electricidad. Al acercar y mover de forma brusca el imán en el interior de la espira, en ambos sentidos, se genera un movimiento de los electrones del cable. Se origina una corriente eléctrica, que se llama corriente inducida. Por esa razón, ese fenómeno se conoce como inducción magnética.

La ley de Faraday enuncia los hechos observacionales que primero Oersted y después él mismo y Lenz comprobaron experimentalmente en el siglo XIX. La ley de Faraday-Lenz establece que la corriente inducida en una espira es proporcional al ritmo de cambio del flujo magnético del imán sobre la espira. Es decir, cuanto más rápido sea el movimiento relativo entre el imán y la espira, mayor será la corriente inducida. Si el imán se mueve muy despacio por la espira, prácticamente no se induce corriente; si el movimiento es brusco, se induce una corriente puntual que puede ser intensa. La corriente inducida (es decir, la dirección del movimiento de los electrones por el cable que forma la espira) tiene un sentido determinado, que siempre se opone al sentido del flujo magnético del imán (podemos simplificar y cambiar flujo por campo magnético, para hacerlo más comprensible, pero estrictamente lo que debe variar es el flujo). En resumen, el sentido de la corriente inducida genera un campo magnético (tal como establece la ley de Biot y Savart, ya que los electrones son cargas en movimiento) y siempre va en contra del campo magnético inductor.

El experimento de Oersted abrió el camino al diseño y la construcción de generadores de electricidad, que consisten en miles de espiras de
hilo de cobre enrolladas sobre sí mismas, colocadas entre los dos pulsos
opuestos de un imán. Si la espira gira, el flujo magnético que atraviesa la
espira va cambiando, ya que el número de líneas magnéticas que atraviesan la superficie de la espira aumenta y disminuye con el tiempo.

Así, si suponemos que inicialmente las líneas del campo magnético
son perpendiculares a la superficie de la espira, en el primer cuarto de
giro de la espira el flujo disminuye porque se reduce el número de líneas
que la atraviesan. En el segundo cuarto de giro el flujo aumenta, en el tercer cuarto de giro disminuye y, finalmente, en el último cuarto de giro,
vuelve a aumentar. De ese modo, el flujo magnético va variando, aumentando y disminuyendo, lo que se traduce en un movimiento alterno de la
corriente inducida (recordemos la ley de Biot y Savart), y eso se traduce
en un movimiento alterno de los electrones que circulan por el cable que
forma la espira. Se genera una corriente alterna. Por lo tanto, esa corriente es inherente a la manera de obtener la electricidad y es inevitable. Los
aparatos electrodomésticos funcionan con corriente continua y llevan
incorporado un transformador que convierte la corriente alterna en corriente continua, además de disminuir el voltaje.

Desde que se descubrió este fenómeno a principios del siglo XX y empezaron a diseñarse y construirse grandes espiras giratorias en medio de
imanes, el gran problema al que se han enfrentado las distintas genera-
ciones de investigadores e ingenieros ha sido encontrar la manera de hacer girar la espira dentro de un campo magnético de forma sostenible.
Tradicionalmente, se hacía aprovechando los saltos de agua (centrales
hidroeléctricas) o inyectando vapor a alta presión (calentando agua mediante carbón o fuel en las centrales térmicas o mediante el calor libera-
do en las reacciones de fisión en las centrales nucleares). Sin embargo,
esas formas de hacer girar la espira para inducir una corriente eléctrica
han ocasionado, y ocasionan, buena parte de los problemas sociales, eco-

nómicos y ambientales del planeta. Efectivamente, las centrales hidroeléctricas modifican y alteran los sistemas fluviales porque conllevan construir presas y embalses. Además, según qué ríos, como los mediterráneos en épocas de poco caudal, son insuficientes: las reservas hídricas deben almacenarse para el consumo humano y animal y, por lo tanto, la generación de electricidad disminuye. Y el número de embalses de un río es limitado, lo que hace insuficiente la producción de energía eléctrica. Las centrales térmicas tienen un doble problema. En primer lugar, las emisiones de gases de efecto invernadero fruto de la combustión de combustibles fósiles y, en segundo lugar, su dependencia del petróleo, del gas o del carbón, recursos que se encuentran en países conflictivos. Muchas guerras y políticas internacionales injustas son consecuencia de la necesidad de esos recursos para la obtención de energía eléctrica. La energía nuclear tiene el conocido problema de los residuos radiactivos, el peligro que comportan las infraestructuras en caso de accidente y el hecho de que el uranio no es un recurso inagotable. Desde hace algunos años se están instalando espiras (turbinas) que giran gracias al movimiento de fluidos generados de forma natural, como la fuerza del viento o de las mareas. Junto con la energía fotovoltaica, son pasos importantes para lograr una producción de energía limpia.

LEYES DE MAXWELL

La inducción electromagnética ofrece una explicación para la inducción de voltajes y corrientes en cables. La visión que James Clerk Maxwell aportó sobre la inducción la adquirió tomando como base el concepto de campos electromagnéticos en vez del de hilos conductores. Por campo electromagnético se entiende la región del espacio donde son evidentes los efectos electromagnéticos. En la inducción electromagnética, según Maxwell, los campos eléctrico y magnético son inducidos en el espacio, ya sea en el vacío (el espacio exterior a la Tierra), ya sea en un medio material (como el aire), y no en un cable o en un material físico. En primer lugar, Maxwell reformula la propia ley de Faraday-Lenz, que establece que un campo eléctrico es inducido en una región del espacio en la que existe un campo magnético que varía con el tiempo. De manera simétrica, él enuncia que un campo magnético es inducido en una región del espacio en la que existe un campo eléctrico que varía con el tiempo. Para Maxwell, los campos eléctrico y magnético son complementarios y se propagan por el espacio en forma de ondas electromagnéticas.

En segundo lugar, Maxwell fue un paso más allá y supo ver la conexión que hay entre las ondas electromagnéticas y la luz. Si una carga eléctrica oscila en una frecuencia idéntica a la de la luz visible, por ejemplo, el color rojo (unos 450 THz), esa carga genera ondas electromagnéticas con la misma frecuencia a la que oscila y, por lo tanto, en este caso emite luz roja. Las ondas electromagnéticas son campos eléctricos y magnéticos oscilantes.

Las leyes de Maxwell del electromagnetismo están formadas por ocho ecuaciones que describen el comportamiento de los campos eléctricos y magnéticos en el vacío. Entre ellas se incluyen las leyes de Gauss y de Ampère.

Ley de Gauss

Supongamos que tenemos una carga eléctrica. A su alrededor, esa carga genera un campo eléctrico, que podemos visualizar gráficamente como un conjunto de líneas que serían las que seguiría otra carga positiva imaginaria que situáramos en un punto del espacio. El número de líneas del campo —en este caso, eléctrico— que atraviesan una superficie concreta se conoce como flujo. Así, el flujo magnético está relacionado con el número de líneas magnéticas generadas por un imán y que atraviesan una superficie determinada. El flujo eléctrico se relaciona con el número de líneas de fuerza eléctrica generadas por una carga eléctrica concreta y que atraviesan una superficie determinada. Si lo contextualizamos en el caso de la fuerza gravitatoria que genera una masa determinada, el flujo gravitatorio está relacionado con el número de líneas de fuerza gravitatoria que genera una masa y que atraviesan una superficie concreta.

En el caso de los campos eléctrico y magnético, la ley de Gauss es una de las que se incluyen en las leyes de Maxwell del electromagnetismo. En lo que respecta a las cargas, la ley de Gauss establece que el flujo del campo eléctrico a través de una superficie que encierra un cuerpo cargado eléctricamente (el número de líneas de fuerza eléctrica que atraviesan dicha superficie) depende exclusivamente de la carga interior de esa superficie y no de las cargas externas. Si en el interior de una superficie hay una carga neta, el flujo depende solo del valor de esa carga interna. Esta ley permite calcular el campo eléctrico que generan cuerpos con cierto volumen a su alrededor, y en su interior, de forma relativamente simple. Una de las implicaciones más clásicas de la ley de Gauss es la constatación de que el campo eléctrico generado por una esfera cargada eléctricamente se comporta, visto desde el exterior, como una carga puntual. Si se trata de una esfera hueca cargada, vacía por dentro, el flujo es cero porque dentro no hay carga y, por mucha carga que tenga la esfera, en su interior no habrá campo ni, por lo tanto, fuerza eléctrica.

En el caso del campo magnético, el flujo que atraviesa una superficie que encierra un imán es siempre cero. Eso quiere decir que el número de líneas salientes que atraviesan la superficie es el mismo que el número de líneas que entran. Los imanes siempre tienen dos pulsos, nunca uno solo; por eso, el flujo magnético que atraviesa una superficie que encierra un imán es cero. En física se dice que no existe el monopolo magnético, o que hasta ahora no se ha podido detectar ni comprobar experimentalmente su existencia.

El caso gravitatorio es muy similar al eléctrico. El flujo gravitatorio generado por una masa que atraviesa una superficie que encierra esa masa depende únicamente de la masa interior y no de las que pueda haber en el exterior de la superficie. En una esfera hueca, el flujo gravitatorio es nulo, ya que no hay masa. Eso significa que dentro no hay campo gravitatorio ni fuerza gravitatoria. Un astronauta dentro de una esfera así, alejada de cualquier otra fuente de campo gravitatorio externo, estaría levitando, sin ninguna fuerza gravitatoria. En cambio, en el exterior, la fuerza gravitatoria de la cáscara esférica sería como la de una masa puntual.

LEY DE AMPÈRE

La ley de Ampère es una relación matemática que vincula el campo magnético con una corriente eléctrica. También está incluida, como la ley de Gauss, en las ecuaciones de Maxwell del electromagnetismo. Establece que lo que se denomina circulación del campo magnético en un contorno cerrado es proporcional a la intensidad de la corriente eléctrica que recorre ese contorno. Es decir, el valor del campo magnético depende directamente de la intensidad de la corriente que circula por él.

La ley de Ampère aplicada a distintos elementos de la corriente permite encontrar la expresión del campo magnético asociado a esos elementos. Por ejemplo, en el caso de un hilo rectilíneo, como uno de alta tensión de corriente continua, el campo magnético depende directamente de la intensidad de la corriente e inversamente de la distancia al hilo.

LEY DE DESINTEGRACIÓN RADIACTIVA

El núcleo atómico está formado por protones y neutrones, sólidamente unidos por la fuerza fuerte, la más intensa del Universo. Hay que tener en cuenta que los protones poseen carga del mismo signo y que entre ellos actúa la fuerza electrostática, que hace que se repelan. La fuerza fuerte supera a la electrostática en varios órdenes de magnitud y eso mantiene el núcleo unido. A pesar de esa gran fuerza, muchos núcleos atómicos se desintegran de modo natural en un proceso que se denomina desintegración o radiactividad natural. De manera espontánea, y aleatoria, un núcleo atómico se transforma en otro distinto, con la emisión de una partícula alfa (un núcleo de helio), un electrón o un positrón, o bien con una radiación electromagnética muy energética, en el intervalo de frecuencias de la radiación gamma. La fuerza débil es la responsable de ese proceso.

Ernest Rutherford y Frederick Soddy fueron los primeros que, a comienzos del siglo XX, se dieron cuenta de que el ritmo al que una sustancia emitía radiación (en forma de partículas o bien de energía) disminuía exponencialmente con el paso del tiempo. Es decir, el ritmo de desintegración de los núcleos depende del número de núcleos que haya en ese momento. Si una muestra radiactiva tiene inicialmente muchos núcleos, el ritmo de desintegración será alto, pero, a medida que queden menos, disminuirá. Esta es la ley de desintegración radiactiva, que cuantifica la variación de la actividad de una muestra, la cual disminuye exponencialmente: es muy rápida al principio y más lenta a medida que pasa el tiempo.

La técnica de datación por carbono 14 se basa en esta ley y permite datar materiales diversos (rocas, huesos, restos de animales y vegetales...) de hasta unos 50.000 años de antigüedad. De manera continua, en la alta atmósfera, los rayos cósmicos interactúan con los átomos de nitrógeno y forman átomos de carbono 14. Ese isótopo del carbono es inestable y se desintegra de manera espontánea para formar nitrógeno. Es un proceso de generación-desintegración en equilibrio, lo que hace que en la atmósfera haya una concentración constante y homogénea de ese isótopo, mezclado con el dióxido de carbono. Ese carbono 14 es incorporado a los seres vivos, ya que se introduce en las plantas por medio de la fotosíntesis y de ahí pasa a los otros seres vivos a través de la alimentación. Mientras estos viven, la proporción de carbono 14 en el organismo se mantiene constante, pero, una vez que mueren, dejan de incorporarlo y este se desintegra de manera exponencial, con un período de semidesintegración de 5.730 años. Es decir, la cantidad de carbono 14 en un organismo se habrá reducido a la mitad en ese período. Como se conoce la proporción de carbono 14 en la atmósfera y en los seres vivos cuando viven, si se mide la actividad de carbono 14 en una muestra no viva, se podrá cuantificar el tiempo que ha pasado desde que dejó de estar viva, hasta un máximo de 50.000 años.

LEY DE FAJANS-SODDY. REACCIONES NUCLEARES ESPONTÁNEAS

Espontáneamente, y esta característica es importante, un núcleo se puede desintegrar de tres maneras distintas, en lo que se conoce como desintegración alfa, beta o gamma. La ley de Fajans-Soddy las describe teniendo en cuenta, sobre todo, que se deben conservar el número de partículas y la carga. En una desintegración de tipo alfa, un núcleo se transforma en otro distinto de manera espontánea y emite una partícula alfa, es decir, un núcleo de helio formado por dos protones y dos neutrones. Como consecuencia de ello, el nuevo núcleo atómico tendrá un número atómico dos veces inferior al que se ha desintegrado y un número másico cuatro veces inferior. Esta es la primera de las leyes de Fajans-Soddy. El espía ruso Alexander Litvinenko fue envenenado al ingerir polonio 210, un elemento que se desintegra y emite partículas alfa. Como son pesadas y tienen carga positiva, su recorrido es muy corto y, a poca distancia de la fuente, pierden rápidamente energía. De hecho, una hoja de papel nos protegería de una fuente de radiación alfa. Se cree que todo el helio que hay en la Tierra proviene de la desintegración alfa de distintos núcleos radiactivos. Esa radiación no representa ningún peligro cuando es externa. Estamos expuestos a ella y no supone ningún riesgo para la salud. Pero en una zona pequeña se acumula gran cantidad de energía y en caso de ingesta produce un daño celular importante.

La segunda ley de Fajans-Soddy describe la disminución de la radiactividad beta. Un núcleo se transforma, de manera espontánea, en otro distinto y emite un electrón y un antineutrino electrónico. El nuevo núcleo tendrá el mismo número másico, pero también un protón más en el núcleo. Esa desintegración, que se denomina beta negativa, es la que experimenta el carbono 14 cuando se transforma en un núcleo de nitrógeno y es la que permite datar la edad de material de hasta 50.000 años de antigüedad. La partícula beta negativa, es decir, el electrón emitido en el proceso de desintegración, tiene un alcance unas diez veces superior al de la partícula alfa. Aun así, si quisiéramos protegernos de esas partículas, una hoja de aluminio sería suficiente. La radiación externa no representa un peligro para la salud, pero sí lo es cuando se ha ingerido. Determinados núcleos, en vez de emitir un electrón, emiten un positrón, una partícula idéntica al electrón, pero con carga positiva. En ese caso, se emite un neutrino electrónico y la reacción se conoce como beta positiva.

Finalmente, la última de las reacciones espontáneas que tienen lugar en la naturaleza es la desintegración gamma: un núcleo atómico excitado emite radiación gamma, muy energética e ionizante, y se convierte en el mismo núcleo, pero con menos energía.

Reacciones nucleares no espontáneas: fisión y fusión nucleares

Un núcleo atómico se puede convertir en otro, o en otros, si se provoca su transformación de manera no espontánea. Es lo que sucede en las reacciones de fisión y fusión nucleares. En ambos casos, los nucleones se recombinan y aparece un defecto de masa entre los reactivos y los productos finales, lo que se traduce en una liberación de gran cantidad de energía.

En la reacción de fisión, un núcleo se vuelve inestable, de manera que se fragmenta en núcleos más pequeños. El término «fisión» podría sustituirse por «ruptura». Existen algunos núcleos que se fisionan de manera espontánea, pero son fundamentalmente núcleos sintéticos, creados en el laboratorio. El uranio 235 (el número que acompaña a los distintos elementos es el número másico, la suma de protones y neutrones que tiene el núcleo del elemento en cuestión) y el uranio 238 se pueden fisionar, por ejemplo, pero hay una probabilidad muy baja de que eso ocurra. En cambio, el uranio 236 se fisiona de manera espontánea pese a no ser un núcleo natural (no lo encontramos en la naturaleza). Para obtener ese isótopo del uranio, el uranio 235 tiene que absorber un neutrón de baja energía. Entonces se produce la fisión y la consiguiente liberación de energía. Es lo que se hace diariamente en las centrales nucleares del planeta. La reacción de fisión se escribe de la manera siguiente:

$$\,_{92}^{235}\text{U} + \,_{0}^{1}\text{n} \rightarrow \,_{92}^{236}\text{U} \rightarrow \,_{56}^{141}\text{Ba} + \,_{36}^{92}\text{Kr} + \,_{0}^{1}3\text{n}$$

Los superíndices que acompañan a los distintos elementos químicos representan el número másico y los subíndices representan el número atómico, es decir, el número de protones del elemento. Cuando el núcleo de uranio 235 (que difícilmente se fisionará) captura el neutrón de baja energía, se transforma en uranio 236, que es inestable y se fisiona y transforma en dos núcleos, uno de bario 141 y otro de criptón 92, y en tres neutrones. Esos tres neutrones pueden ser capturados por otros núcleos de uranio 235 y transformarse en uranio 236, que se fisiona, como ya hemos visto. Se inicia una reacción en cadena que, si no se controla, da lugar a una explosión de energía, la bomba atómica. La energía emitida en esa reacción es equivalente al defecto de masa de la reacción, es decir, la diferencia de masa entre el uranio 236 y la suma de los núcleos de bario y criptón y los tres neutrones. En las centrales nucleares, esa reacción se controla y se frena, lo que permite obtener energía. Su control se logró un poco antes de la mitad del siglo XX, en el Chicago Pile, uno de los experimentos clave recogidos en el capítulo 4.

La otra reacción nuclear no espontánea es la fusión, un proceso contrario a la fisión: en vez de romperse un núcleo, se unen dos para obtener energía, tomando como base el defecto de masa; las masas de los núcleos finales y las de los iniciales, antes de la unión, difieren. Esa diferencia de masa es equivalente a la energía liberada, según la expresión de Einstein $E = \Delta m \cdot c^2$. No obstante, el proceso de fusión requiere una condición importante: para que dos núcleos con carga positiva se unan y queden fusionados, deben vencer una fuerza electrostática considerable que actúa entre ellos, a fin de que pueda operar la fuerza nuclear fuerte y queden finalmente unidos. Para vencer esa barrera electrostática, se necesita que la energía inicial sea muy alta, como la que se produce en las estrellas. En esos cuerpos celestes se originan reacciones de fusión de distintos núcleos y se libera la energía que llega a la Tierra en forma de radiación electromagnética. Los rayos solares son el resultado de los procesos de fusión que tienen lugar en el interior del Sol. Una estrella como el Sol está formada principalmente por núcleos de hidrógeno —es decir, un protón— que se transforman en núcleos de helio en una serie de reacciones que emiten energía a un ritmo cercano a 10^{26} J/s. En el interior del núcleo solar, la temperatura es tan elevada que los núcleos tienen la energía suficiente para vencer las fuerzas repulsivas electrostáticas e iniciar un proceso de fusión nuclear. En primer lugar, dos núcleos de hidrógeno se fusionan y forman un núcleo de deuterio, compuesto por un protón y un neutrón. El núcleo de deuterio se fusiona con uno de hidrógeno y forman un núcleo de tritio, compuesto por dos protones y un neutrón. Dos núcleos de tritio provenientes de esas reacciones se fusionan y forman un núcleo de helio (dos protones y dos neutrones) y dos protones quedan libres, de modo que siguen fusionándose y alimentando esas reacciones, conocidas como cadenas protón-protón (figura 12).

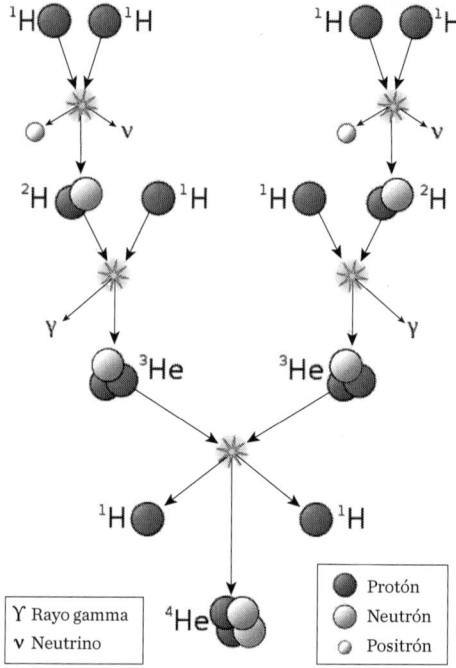

Figura 12. Esquema de la reacción protón-protón de fusión nuclear.

Aunque cualquier núcleo se puede fusionar, los que tienen una masa inferior a la del hierro liberan energía cuando se fusionan, mientras que, si la masa es superior a la del hierro, absorben energía. Los núcleos ligeros son los que permiten obtener energía a partir del proceso de fusión.

La estabilidad nuclear

Si analizamos la formación del núcleo atómico, nos daremos cuenta de que debe existir una fuerza de alcance nuclear más intensa que la repulsión electrostática entre los protones que sea la responsable de mantener unidos los protones y neutrones del núcleo. Es la denominada fuerza fuerte, de la que ya hemos hablado en el capítulo 2. Esta fuerza solo se manifiesta a escala nuclear. De hecho, su intensidad decae rápidamente en distancias superiores a 10^{-15} m (recordemos que el tamaño del núcleo es de cerca de 10^{-14} m, y el del átomo, de 10^{-10} m). Es la fuerza más intensa de las cuatro que hay en el Universo, siempre atractiva, que actúa entre protones, entre neutrones o entre protón y neutrón, y es unas cien veces más intensa que la electromagnética, que tiende a repeler los protones.

Un hecho clave para la estabilidad nuclear es el defecto de masa. Supongamos que tenemos un núcleo atómico con un determinado número de protones (descrito por el número atómico, Z) y un determinado número de protones y neutrones (descrito por el número másico, A). El número de protones será, por lo tanto, Z, y el de neutrones, $A - Z$. Pues bien, si sumamos la masa de los protones y los neutrones que forman el núcleo por separado y le restamos la masa del núcleo con los protones y neutrones unidos por la fuerza fuerte, desde un punto de vista clásico, esa diferencia sería cero. Es como si una hoja de papel pesara, por ejemplo, 10 g, pero, si la rompemos en dos partes y las sumamos, la masa es inferior a la del papel inicial. Podría parecer que la masa no se conserva, pero hay que tener en cuenta que la masa y la energía son equivalentes. Es decir, en el caso del núcleo atómico, la diferencia de masa entre los protones y los neutrones que lo componen por separado y cuando están unidos formando el núcleo (Δm) proviene del hecho de que una parte de esa masa se ha transformado en energía (E). Esa energía es la que se denomina energía de enlace nuclear: $E = \Delta m \cdot c^2$. Es la que se libera cuando los nucleones se unen para formar el núcleo atómico y también es la misma que haría falta para romper el núcleo atómico y separar los protones y neutrones hasta el infinito. La energía de enlace de los núcleos es muy grande: va de los 2,2 MeV para el caso del deuterio a valores de hasta 1.640 MeV para núcleos como el del bismuto. (1 MeV es un megaelectronvoltio, un millón de electronvoltios. El electronvoltio es una manera de medir la energía en el mundo atómico y equivale a la energía que adquiriría un electrón sometido a una diferencia de potencial de un voltio, que es aproximadamente $1{,}6 \cdot 10^{-19}$ J).

Sin embargo, para saber qué núcleo es más estable y poder comparar la estabilidad nuclear de distintos elementos, se define la energía de enlace por nucleón, es decir, la energía de enlace respecto al número de protones y neutrones del núcleo (E/A). La figura 13 muestra la curva de esa energía de enlace para los distintos números másicos de los elementos de la tabla periódica.

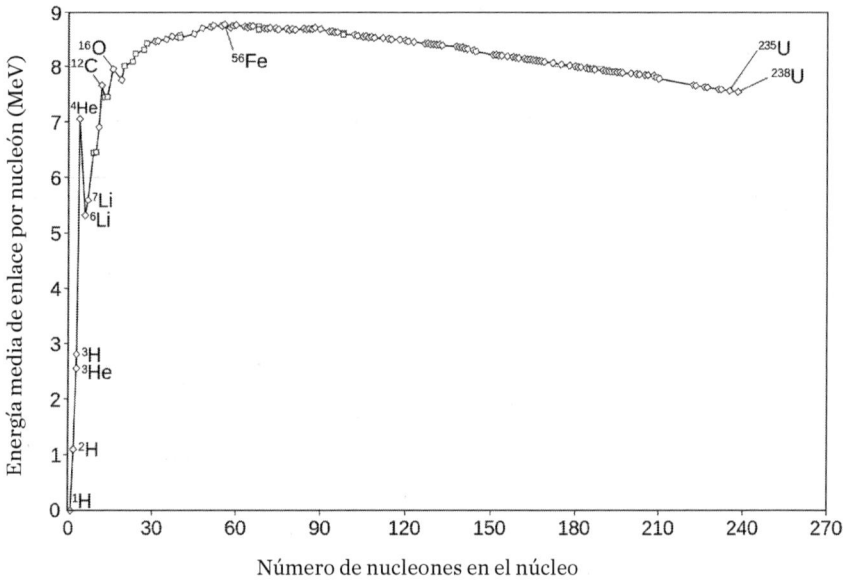

Figura 13. Energía de enlace por nucleón de los distintos elementos químicos en función del número de nucleones. Alrededor del número másico 56 se encuentran los núcleos más estables.

Se puede observar que, a medida que aumenta la energía de enlace por nucleón, el núcleo es más estable. El núcleo de hierro, con el número atómico 56, es el más estable. A partir del hierro, la energía de enlace se reduce poco a poco. Los números másicos entre 40 y 100, aproximadamente, presentan la mayor energía de enlace por nucleón y, por lo tanto, son los núcleos más estables. Los procesos de fisión nuclear que dividen un núcleo grande en dos más pequeños, o los de fusión que forman un núcleo mayor a partir de dos inferiores, dan como resultado núcleos más estables.

Ley de Ohm

Cuando dos elementos metálicos, como el cobre o el hierro, se unen para formar un sólido, lo hacen mediante el denominado enlace metálico. Lo hacen porque así construyen una estructura estable, con una configuración electrónica similar a la de los gases nobles. Cada átomo metálico debe ceder electrones para tener así una configuración electrónica más estable. Todos los átomos metálicos ceden electrones y los comparten, lo que da como resultado final una estructura sólida formada por iones positivos (los átomos del metal) y rodeada por gran cantidad de electrones libres. Esa nube de electrones es el conjunto de los que pueden moverse por el metal bajo la acción de un campo eléctrico y generar así una corriente eléctrica.

En ausencia de un campo eléctrico, los electrones se mueven alrededor de los iones de manera aleatoria, por lo que, en conjunto, no atraviesan el metal. Sin embargo, cuando aplicamos un campo eléctrico entre los extremos del metal, los electrones empiezan a desplazarse en un sentido definido por dicho campo. Aparece entonces una corriente eléctrica.

La intensidad eléctrica es la magnitud que cuantifica esa corriente eléctrica. Indica la cantidad de carga eléctrica transportada por los electrones en movimiento por un material conductor durante un intervalo de tiempo determinado. El amperio es la unidad que mide la intensidad eléctrica. Una corriente de 1 A indica que en un segundo circula 1 C de carga eléctrica por un punto de un conductor. (El culombio, C, es la unidad de carga eléctrica. Un electrón tiene una carga de $-1,6 \cdot 10^{-19}$ C, o, lo que es lo mismo, una carga de -1 C equivale aproximadamente a $6 \cdot 10^{18}$ veces la carga de un electrón).

La velocidad con la que los electrones se desplazan por un conductor se denomina velocidad de arrastre. Suele ser muy baja, por la poca movilidad que tienen los electrones debido a la elevada densidad de electrones y partículas que forman el material conductor. En un cable de cobre de 1 cm de radio, por el que circula una intensidad de 1 A, la velocidad media de los electrones es de 8,4 cm/h. Esa baja velocidad contrasta con la gran cantidad de electrones que hay en un cable. En un segundo y por una corriente de 1 A, pueden pasar cerca de 10^{19} electrones.

Si los electrones libres se desplazan por el conductor es porque están sometidos a una fuerza eléctrica asociada a un campo eléctrico, generado por una pila o batería eléctrica conectada entre los extremos del conductor. Entre esos extremos aparece una diferencia de potencial electrostático, también denominada voltaje.

Sin embargo, el movimiento de los electrones no es ideal. Chocan entre sí y con los iones metálicos de la red del metal, por lo que se produce continuamente una transferencia de energía desde los electrones hacia los iones positivos de la estructura del metal y hacia los electrones vecinos, en múltiples colisiones. Esa transferencia de energía hace que los electrones pierdan energía cinética y que los átomos del metal ganen energía térmica, lo que provoca el calentamiento del conductor, fenómeno que se conoce como efecto Joule. Esa dificultad varía de unos conductores a otros y es fácil comprobar que, con un mismo valor de voltaje, un cable de tungsteno se calienta mucho más que uno de cobre. Hay conductores que interactúan más con los electrones, en los que los electrones chocan más con sus átomos, y que, por lo tanto, ofrecen más dificultad a su paso. Por eso es necesario introducir el concepto de resistencia eléctrica, R, como la relación que hay entre la diferencia de potencial en un conductor y la intensidad de la corriente que circula por él.

En 1826, Georg Simon Ohm se dio cuenta del comportamiento lineal entre la diferencia de potencial aplicada a un conductor metálico y la intensidad de la corriente que circula por él, siempre que las condiciones de ese conductor no cambien, en especial la temperatura. Esa relación de proporción directa entre la diferencia de potencial y la intensidad que circula por un conductor es lo que se conoce como ley de Ohm. La constante de proporcionalidad es la resistencia del material al paso de la corriente eléctrica. Sin embargo, en el fondo, la ley de Ohm es una descripción de la respuesta de algunos materiales cuando se les aplica un determinado voltaje.

La constante de proporcionalidad entre el voltaje y la intensidad se asocia a la resistencia, pero hay que tener en cuenta que la definición de resistencia no se corresponde con lo que enuncia la ley de Ohm. La relación entre el voltaje y la intensidad es lo que definimos como resistencia, mientras que la ley de Ohm establece que, en determinados materiales y en determinadas condiciones, la relación entre el voltaje y la intensidad es directamente proporcional.

Los materiales que siguen la ley de Ohm se llaman óhmicos. Aquellos en los que no hay una proporción directa entre voltaje e intensidad se denominan no óhmicos: es el caso, por ejemplo, del filamento de una bombilla incandescente, debido a la gran variación que experimenta la temperatura en ese material.

Efecto Joule

Es fácil comprobar que los aparatos eléctricos y electrónicos están calientes cuando hace un rato que funcionan. El movimiento de los electrones a través de un conductor se produce porque existe una diferencia de potencial entre sus extremos. La pila o batería es la encargada de transformar la energía potencial electrostática, generada en reacciones químicas, en energía cinética dirigida hacia los electrones. No obstante, esa energía cinética se va transfiriendo a los átomos de la estructura atómica del conductor y a los otros electrones que se desplazan por él, en múltiples colisiones, tal como hemos expuesto en la ley de Ohm. Esa transferencia de energía se manifiesta con un calentamiento del conductor, lo que se conoce como efecto Joule.

El hecho de que el calor es una forma de energía quedó demostrado por James Prescott Joule en uno de los experimentos más destacables de la historia de la física y que se recoge en el capítulo 4.

EFECTO DOPPLER

Cuando un foco emisor de ondas está quieto, pero emitiendo, como la sirena de una fábrica o la antena del radar de las carreteras, las ondas se propagan y llegan al receptor con la misma frecuencia con la que se emiten. Sin embargo, cuando hay un movimiento relativo entre el emisor y el receptor, este último percibe las ondas con una frecuencia distinta, lo que se traduce en un sonido más agudo o más grave, si son sonoras, o en un cambio de color, si son ondas electromagnéticas visibles. Ese cambio de la frecuencia de la onda que percibe el receptor cuando hay un movimiento relativo respecto al emisor es lo que se conoce como efecto Doppler.

Supongamos que el receptor está quieto y una fuente sonora se le acerca a una cierta velocidad, pasa por delante de él y se aleja. Sería el caso de una ambulancia con la sirena en funcionamiento, que se va acercando y pasa de largo. La sirena emite las ondas sonoras a la velocidad del sonido en el aire, aproximadamente 340 m/s. No obstante, como está encima de la ambulancia y el vehículo lleva cierta velocidad, las ondas van más rápidas. El receptor, a medida que se acerca la fuente sonora, percibe las ondas más seguidas, como si se fueran apilando, con lo que se reduce la longitud de onda y, por lo tanto, aumenta la frecuencia, mientras que, cuando el foco se aleja, percibe las ondas con menos frecuencia, más espaciadas. Las frecuencias altas corresponden a sonidos agudos, y las bajas, a sonidos graves; por lo tanto, el movimiento relativo entre un foco emisor de ondas sonoras y un receptor cambia el tipo de sonido que este percibe. Pasa de oír un sonido agudo a uno grave.

El oído percibe muy fácilmente el efecto Doppler con las ondas sonoras de nuestra vida diaria: motores de los coches cuando se acercan y se alejan, sirenas, etcétera. No se necesitan grandes velocidades relativas para oír la variación de frecuencia. No ocurre lo mismo con la luz, en la que la velocidad relativa entre el observador y la fuente emisora de luz visible debe ser mucho mayor, fuera de las velocidades a las que estamos acostumbrados los humanos. Si un objeto se moviera a una velocidad cercana a la de la luz respecto a un observador, este percibiría un cambio de frecuencia: si se aleja, aumenta, y, si se acerca, disminuye. En el caso de la luz visible, las altas frecuencias corresponden a colores cercanos al violeta y al azul, mientras que las bajas corresponden a los rojos y a los anaranjados. Así pues, en el hipotético caso de un cuerpo que se alejara de nosotros a una velocidad cercana a la de la luz, lo veríamos de un color rojizo, mientras que, si se acercara, sería de un color violeta tirando a azul.

LEY DE HUBBLE

Hoy en día sabemos que el Universo se expande gracias al efecto Doppler. El astrónomo inglés sir Edwin Hubble tuvo la brillante idea de colocar un prisma en el ocular del telescopio con el que observaba cuerpos celestes (galaxias, nebulosas...) para analizar el espectro electromagnético de la luz que emitían. Cuando la luz de esos cuerpos atravesaba el prisma, se descomponía en los siete colores del arcoíris. Observó que, mirara donde mirase, el espectro de esos cuerpos celestes se encontraba desplazado hacia el color rojo, hacia las frecuencias bajas, lo que indica que todos los objetos analizados se alejaban a gran velocidad. Esa velocidad es directamente proporcional a la distancia a la que se encuentran de la Tierra, el lugar de observación. Una analogía útil es pensar en un globo. Cuando está desinflado, le pintamos muchos puntitos con un rotulador y después lo inflamos. Los puntos se alejan entre sí, pero lo hacen con más rapidez cuanto mayor es la distancia entre ellos, es decir, cuando el globo está más inflado. Esta es la denominada ley de Hubble: la velocidad de expansión es directamente proporcional a la distancia entre galaxias. La constante de proporcionalidad entre la velocidad de alejamiento y la distancia es la constante de Hubble y su valor es clave para saber cuál será el futuro del Universo. Actualmente, el valor que se le atribuye, a partir de las mediciones del satélite WMAP, es de 71 (km/s)/Mpc (71 km/s por cada megapársec. Un pársec [pc] es una unidad de longitud utilizada en astronomía, equivalente a unos $3,1 \cdot 10^{16}$ m).

La ley de Hubble tiene implicaciones clave para el conocimiento del Universo: si todos los cuerpos celestes que observamos desde la Tierra, miremos donde miremos, se alejan de nosotros, eso quiere decir que en algún momento de la historia del Universo estaban más próximos. De ahí surgió la teoría de la gran explosión, del *big bang*.

TEORÍA DEL *BIG BANG*

El descubrimiento, a principios de los años veinte del siglo XX, del corrimiento al rojo en el espectro de las galaxias de Hubble tuvo una importancia primordial para una visión de expansión del Universo. Quedaba claro que las galaxias se alejan entre sí, como los puntos de un globo que se va inflando. Eso reforzó la idea de Lemaître de que, retrocediendo en el tiempo, se llegaría a una situación en la que todo el Universo se concentraría en una singularidad. Sin embargo, el hecho decisivo que acabó de definir el modelo actual de Universo y llevó a la teoría del *big bang* fue el descubrimiento de la radiación de fondo de microondas en 1964. Después de la expansión inicial del Universo, parte de la energía radiada nos llega hoy en día en forma de microondas, lo que se conoce como radiación de fondo de microondas. Es una radiación que proviene de todas las partes del Universo y que es el testimonio de la explosión de la singularidad inicial.

La teoría del *big bang* se basa en dos principios: el cosmológico, que viene a afirmar que el Universo es homogéneo e isótropo, y el de Copérnico, que sostiene que la Tierra no ocupa un lugar de privilegio en el Universo. También se basa en la hipótesis de que las leyes de la física son universales. La teoría afirma que hace unos 13.800 millones de años el Universo se encontraba en un estado de muy alta densidad, presión y temperatura, en lo que se conoce como singularidad inicial, la cual se expandió de manera repentina. Esa expansión inicial dio lugar al espacio y al tiempo, que se fueron formando a medida que el Universo se expandía. No se trata de una explosión de materia que se aleja para ir llenando un espacio, el Universo, sino que el espacio y el tiempo se crean y se extienden a partir de la expansión.

El descenso térmico asociado a la expansión fue enfriando el Universo y permitió la formación, primero, de partículas subatómicas, después de átomos y, con el paso del tiempo, de estructuras superiores, como planetas, estrellas y galaxias. Todo se formó a partir de esa explosión inicial: materia, energía, espacio y tiempo.

LA HIPÓTESIS DE PLANCK Y LA CATÁSTROFE DEL ULTRAVIOLETA

A finales del siglo XIX, los físicos estaban empeñados en dar una explicación a la radiación emitida por un cuerpo negro. Un cuerpo negro es el que emite radiación dependiente solo de su temperatura. Es perfecto emitiendo y absorbiendo radiación, es decir, toda la radiación que absorbe, la emite.

La manera de modelizar la emisión de la radiación de un cuerpo negro era utilizando la física clásica, la ley de Rayleigh-Jeans, según la cual la intensidad es proporcional al cuadrado de la frecuencia de la emisión. Esa teoría ajustaba muy bien los resultados experimentales para el espectro visible e infrarrojo, pero fallaba escandalosamente en la parte del ultravioleta. Mientras que la observación indicaba que la intensidad se reducía al llegar a esa radiación, la teoría disparaba los valores de la intensidad, pero lo que se observaba era todo lo contrario: una reducción de los valores de la intensidad emitida por un cuerpo negro. Los físicos del momento no sabían por qué ocurría ni cómo debían resolver esa discrepancia. La crisis fue tal que ese período de la física se denomina catástrofe del ultravioleta. La solución la dio Max Planck en 1900 al proponer una nueva hipótesis: los electrones oscilantes en los átomos de los cuerpos calientes debían tener energías cuantizadas en un número entero de un valor $h \cdot f$, donde h es una constante denominada constante de Planck y de valor $6,64 \cdot 10^{-34}$ J · s, y f es la frecuencia de oscilación de los electrones. Es decir, la energía de oscilación debería de ser 1, 2, 3... veces $h \cdot f$ y no un número no entero. Aunque con esa hipótesis quedaba resuelta la catástrofe del ultravioleta, la comunidad científica no la reconoció porque no justificaba el porqué de la oscilación de los electrones. La labor de Planck no se consideró en serio hasta años más tarde, cuando Albert Einstein utilizó su hipótesis para explicar el efecto fotoeléctrico.

Cuerpos negros: ley de Stefan-Boltzmann y ley del desplazamiento de Wien

La hipótesis de Planck permitió dar una explicación a la curva de emisión de la radiación emitida por los cuerpos negros. Como ya se ha visto, un cuerpo negro es el cuerpo ideal que es capaz de absorber e irradiar toda la radiación que incide en él. Normalmente los cuerpos reales (no negros) pueden absorber y emitir solo una parte del conjunto de radiación que incide en ellos. El Sol o la Tierra son buenos cuerpos negros, ya que emiten todo el conjunto de radiación del espectro. Buena parte de los cuerpos reales se pueden aproximar a un cuerpo negro y, por lo tanto, conocer la física de un cuerpo negro permite explicar la física de los cuerpos reales. Las leyes de Stefan-Boltzmann y de Wien describen la emisión de la radiación de un cuerpo negro.

Los cuerpos negros emiten una cantidad de energía concreta para una temperatura y una longitud de onda determinadas, como muestra la figura 14, cuya explicación viene dada por la hipótesis de Planck. Para cada temperatura, la energía radiada por un cuerpo negro presenta distintas curvas de emisiones para las distintas longitudes de onda de la radiación del espectro electromagnético. La curva de radiación depende de la temperatura a la que se encuentre el cuerpo negro y es más abrupta cuanto más elevada sea. Hay que remarcar dos observaciones importantes: en primer lugar, que los cuerpos negros emiten radiación para todas las longitudes de onda, incluso longitudes de onda muy pequeñas y muy grandes; en segundo lugar, para cada temperatura existe una longitud de onda que tiene asociada una radiación máxima, una radiación pico. El Sol, por ejemplo, se encuentra a una temperatura superficial de unos 6.000 grados Kelvin (K). Tiene una intensidad pico de emisión alrededor de los 500 nanómetros (nm), una longitud de onda que corresponde a la radiación visible, centrada en el color amarillo. En longitudes ligeramente superiores o inferiores, la intensidad de emisión decae. En el caso de la Tierra, con una temperatura de equilibrio de aproximadamente 300 K, el pico de radiación máxima está centrado hacia los 10 μm de longitud de onda, que corresponde a la radiación infrarroja.

La ley de Stefan-Boltzmann establece que la energía emitida por unidad de superficie y de tiempo a través de un cuerpo negro es proporcional a la cuarta potencia de la temperatura a la que se encuentra. Esa radiación emitida por un cuerpo negro marca un límite superior para los cuerpos reales.

La ley del desplazamiento de Wien relaciona el pico máximo de emisión de un cuerpo negro y la longitud de onda a la que emite. La longitud de onda asociada al pico de emisión de la radiación es inversamente proporcional a la temperatura a la que se encuentra. Cuanto más caliente esté un cuerpo, menor será la longitud de onda que corresponde al pico máximo de emisión de radiación y, por lo tanto, más energía tiene la radiación emitida. Cuando se calienta un objeto, la longitud de onda asociada al pico máximo de radiación se reduce: primero se vuelve rojo, y después, naranja, amarillo y, por último, azul.

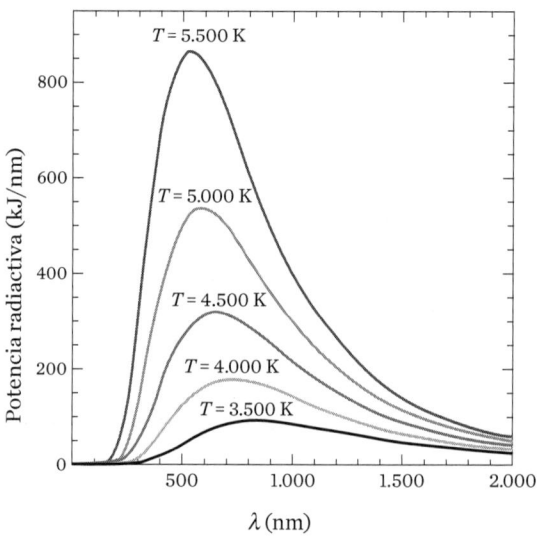

Figura 14. Relación entre la potencia radiactiva y la longitud de onda de emisión de un cuerpo negro para distintas temperaturas.

EFECTO FOTOELÉCTRICO

Cuando se ilumina un metal con una radiación determinada, a partir de una frecuencia que denominamos umbral se logra generar una corriente eléctrica. Este fenómeno es lo que se conoce como efecto fotoeléctrico. Por debajo de ese umbral de frecuencia de la radiación incidente, no se genera ninguna corriente eléctrica. Por encima de la frecuencia umbral, si se incrementa la intensidad de la radiación incidente sobre el metal, no aumenta la intensidad de la corriente generada: son independientes. En cambio, si la radiación sobre el metal tiene una frecuencia mayor, entonces sí aumenta la intensidad. La corriente eléctrica se genera de manera instantánea cuando la luz incide sobre el metal. Desde el punto de vista clásico, habría que esperar un cierto retraso entre la absorción de la radiación y la corriente eléctrica generada.

Einstein propuso la explicación de ese efecto tomando como base la hipótesis de Planck. La luz que incide sobre el metal es un conjunto de fotones, cada uno con una energía cuantizada, es decir, proporcional a la frecuencia de la onda electromagnética asociada. Cada fotón interactúa con un solo electrón: le transmite la energía necesaria para arrancarlo del átomo alrededor del que orbita y le proporciona energía cinética (velocidad). La frecuencia umbral es la mínima necesaria para arrancar el electrón del metal, del átomo al que está ligado al orbitar a su alrededor. La energía asociada a esa frecuencia umbral se denomina función de trabajo y es constante para cada metal. Si se incrementa la intensidad de la radiación, solo aumenta el número de fotones que inciden por segundo sobre el metal. Con una longitud de onda superior y, por lo tanto, una frecuencia menor, los fotones tienen menos energía, ya que, según la hipótesis de Planck, la energía de un fotón es proporcional a su frecuencia. Así pues, por debajo de la frecuencia umbral, los fotones no tienen suficiente energía para arrancar los electrones del metal y no se produce el efecto fotoeléctrico. Si disminuye la longitud de onda, es decir, aumenta la frecuencia de los fotones y, por lo tanto, su energía, los electrones son arrancados del metal e impulsados a moverse. Como la función de trabajo —es decir, la energía mínima para arrancar un electrón del metal— es constante para cada metal, a medida que crece la energía del fotón, aumenta la velocidad del electrón arrancado. Einstein encontró experimentalmente que la relación entre la energía del fotón y la energía cinética del electrón es proporcional en un trabajo breve pero innovador que lo hizo merecedor del Premio Nobel de Física.

Por otra parte, al incidir cada fotón en un solo electrón, no se necesita un tiempo para acumular energía y originar la corriente de electrones, sino que el efecto fotoeléctrico se produce de manera instantánea. En cuanto el electrón absorbe la energía del fotón, si es la necesaria, abandona el metal al instante.

Sin embargo, el éxito en la aplicación de la idea de Planck para explicar el efecto fotoeléctrico llevó a una ligera incomodidad conceptual, ya que todo el mundo tenía asumido que la luz era una onda. En cambio, los fotones de Planck parecían comportarse como partículas cuando interactuaban con los electrones. La luz se comporta a veces como si fuera una partícula y a veces como si fuera una onda. Esa realidad es lo que los físicos denominaron dualidad onda-corpúsculo.

EFECTO COMPTON

Uno de los fenómenos que los físicos de finales del siglo XIX y principios del XX no sabían explicar era el cambio en la longitud de onda después de que una determinada radiación incidiera sobre un material. Por ejemplo, al irradiar un haz de rayos X sobre un bloque de carbón, el haz se dispersaba en diversas direcciones y, a medida que aumentaba el ángulo de dispersión, también lo hacía la longitud de onda de los rayos, es decir, su frecuencia disminuía. Ese cambio de frecuencia de la radiación dispersada era imposible de explicar utilizando la física clásica. Arthur Compton le dio una justificación basándose en la hipótesis de Planck. Su explicación fue que los fotones de la luz se comportaban como partículas e interactuaban con los electrones del material sobre el que se irradiaba la luz (el bloque de carbón). Y eso es exactamente lo que ocurre. Al chocar con el electrón, parte de la energía del fotón partícula se transfiere al electrón, lo que representa una pérdida de energía para este. Como la energía de un fotón, según la hipótesis de Planck, es proporcional a su frecuencia, esta debe disminuir tras el choque. Por esa razón, la radiación dispersada tiene una frecuencia menor que la incidente. Ese efecto es lo que se conoce como efecto Compton y le valió a este físico el Premio Nobel en 1927.

La explicación de ese fenómeno tuvo una gran repercusión, ya que impulsó la mecánica cuántica y la consolidación de la dualidad onda-corpúsculo de la luz.

TEORÍA DE DE BROGLIE

Si una onda puede comportarse como una partícula, ¿podría una partícula comportarse como una onda? Esa idea, nada evidente en el mundo macroscópico, fue propuesta y desarrollada en 1924 por el francés Louis de Broglie, que entonces era un estudiante de doctorado. Su hipótesis era que, efectivamente, las partículas tienen asociado un movimiento ondulatorio y en determinados fenómenos físicos se comportan como ondas, de manera que aparecen todos los fenómenos propios de las ondas, como la difracción, la refracción o la reflexión. Esa manifestación ondulatoria es mucho más evidente en el campo de la cuántica, a escalas atómicas, y es inapreciable en el mundo macroscópico. De Broglie cuantificó la longitud de onda de la onda asociada a las partículas y vio que es inversamente proporcional al momento lineal (cantidad de movimiento) de la partícula, es decir, al producto de su masa y velocidad. Así, cuanto mayores sean la masa y la velocidad de la partícula, menor será su longitud de onda y mayor su frecuencia. Por ejemplo, un coche de 1.300 kg de masa que se mueva a 100 km/h tendrá una longitud de onda de De Broglie de cerca de 10^{-38} m, mientras que un electrón (que tiene una masa de alrededor de 10^{-31}

kg) que se desplace a una velocidad de 10^6 m/s tendrá una longitud de onda asociada de 10^{-10} m. El átomo tiene un diámetro medio de 10^{-10} m y un núcleo atómico de 10^{-14} m. La longitud de onda del coche, de unos 10^{-38} m, no tiene ningún sentido y es totalmente inapreciable, ya que representa varios órdenes de magnitud inferiores al tamaño de un átomo. Sin embargo, si nos fijamos en la longitud de onda del electrón, esta es comparable con las dimensiones del átomo y, por lo tanto, puede tener algunas consecuencias. De hecho, las tiene. Por ejemplo, los electrones se pueden difractar al atravesar materiales o, cuando orbitan alrededor del núcleo atómico, no lo hacen siguiendo órbitas rectilíneas (como casi siempre se representa gráficamente), sino siguiendo ondas estacionarias.

TEORÍA DE LA MECÁNICA CUÁNTICA

La física que se centra en escalas inferiores al tamaño del átomo es la física cuántica. Aparece a comienzos del siglo XX para dar una explicación a algunos problemas que traían de cabeza a los físicos del momento, mencionados anteriormente: la catástrofe del ultravioleta de la radiación de los cuerpos negros, el efecto fotoeléctrico y el efecto Compton. A lo largo de ese siglo se fue desarrollando esta teoría, sobre todo después de la teoría de De Broglie de la dualidad onda-partícula y del principio de incertidumbre de Heisenberg.

Como es imposible fijar en el mismo instante la posición y el momento de una partícula atómica o subatómica, el concepto de trayectoria queda excluido del mundo cuántico. Toda partícula cuántica queda descrita por una función matemática que asigna a cada punto y a cada instante de tiempo una probabilidad concreta. Esa función se denomina función de onda y describe una determinada distribución de la probabilidad de distintas variables medibles de la partícula, como la energía, la posición, el momento lineal y el momento angular. Si no se realiza ninguna medición sobre la partícula cuántica, esta se encuentra en una superposición de estados cuánticos. En el momento en que se mide, la función de onda colapsa y se define uno de los estados posibles.

Erwin Schrödinger planteó un experimento ideal para visualizar ese hecho. Es el conocido experimento del gato. Define un estado formado por una caja cerrada y opaca, en cuyo interior hay un gato y un frasco de gas letal conectado a un mecanismo que puede romperse si una partícula radiactiva se desintegra. Hay una probabilidad del 50% de que la partícula se desintegre en un cierto tiempo. Transcurrido ese tiempo, hay una probabilidad del 50% de que la partícula radiactiva se haya desintegrado y haya activado el mecanismo que matará al gato, y también hay una probabilidad del 50% de que el gato esté vivo porque la partícula aún no se haya desintegrado. El gato se encuentra en una superposición de dos estados, descritos por su función de onda: vivo y muerto. Solo si abrimos la caja la función de onda colapsará y sabremos si el gato está vivo o muerto con un 100% de acierto. Trasladado al mundo cuántico, un electrón, por ejemplo, puede estar en varios lugares al mismo tiempo y puede ser detectado por sensores. Se encuentra en una superposición de estados. Solo si medimos, colapsamos el sistema y definimos claramente dónde se encuentra. El estado final del electrón no se puede saber, solo tenemos una distribución de probabilidades. Solo cuando medimos podemos definir la posición, y otras variables asociadas, del electrón.

La mecánica cuántica es no determinista, es decir, no puede saber la posición de una partícula cuántica en el tiempo. La ecuación de Schrödinger describe la evolución temporal de la función de onda, que describe, asimismo, la superposición de estados cuánticos y, por lo tanto, la probabilidad de encontrar la partícula en una posición concreta en un tiempo determinado. Sin embargo, esta ecuación es en parte determinista, ya que, dada una función de onda determinada (y, por lo tanto, de probabilidad), se puede cuantificar cómo evolucionará en el tiempo.

EFECTO TÚNEL

Supongamos que una partícula se desplaza a una cierta velocidad y, por lo tanto, tiene asociada una cierta energía cinética y una determinada energía potencial. La suma de esas energías configura lo que se denomina energía mecánica de la partícula. Supongamos que esa partícula se encuentra en una situación en la que debe atravesar una barrera de energía. Si su energía mecánica es inferior a la de la barrera, desde el punto de vista de la física clásica, no podrá pasarla y se verá obligada a regresar por donde venía, no podrá aparecer al otro lado de la barrera, ya que no tiene suficiente energía para atravesarla. Sin embargo, a escala cuántica, una partícula material también tiene un comportamiento ondulatorio, cuya amplitud representa la probabilidad de encontrar la partícula en una determinada posición. Cuando está frente a la barrera de energía, que continúa siendo mayor que su energía mecánica, su carácter ondulatorio hace que una pequeña parte de la onda esté al otro lado de la barrera de potencial, y, por lo tanto, que la partícula se encuentre ahí, aunque tenga menos energía mecánica que la barrera. Es decir, existe cierta probabilidad, no nula, de que la partícula se sitúe al otro lado de la barrera de potencial, aunque su energía para atravesarla sea insuficiente. Hay, pues, una probabilidad de que la partícula rebase esa barrera de energía. Este fenómeno cuántico recibe el nombre de efecto túnel.

Hasta ahí la teoría. Pero ¿existe realmente el efecto túnel? La respuesta es sí, y desempeña un papel clave en fenómenos físicos como el de la fusión nuclear del Sol. Los cationes de hidrógeno no tienen suficiente energía para vencer la repulsión electromagnética entre ellos y, por lo tanto, no podrían nunca enlazarse entre sí ni liberar radiación electromagnética si no se unieran por medio del efecto túnel, es decir, por la existencia de una probabilidad de que los cationes de hidrógeno superen la barrera de potencial electrostático. Es una probabilidad baja, pero, debido a la gran cantidad de cationes existentes, ese fenómeno se produce de manera continua. Más cercano a la vida cotidiana, todos hemos experimentado el efecto túnel alguna vez. Cuando se empalman dos hilos de cobre, enrollándolos entre sí, entran en contacto dos superficies aislantes, ya que cada hilo de cobre tiene una capa fina de aislante, que no es otra cosa que una capa de óxido de hierro que se forma sobre el cobre cuando se oxida, lo que ocurre rápidamente, y actúa como aislante eléctrico. En algunos hilos, se aplica una fina capa de una especie de barniz para evitar esa oxidación. Sea con barniz o sin él, los hilos de cobre, una vez empalmados, siguen estando aislados y los electrones lo tienen difícil para pasar de un cable al otro, ya que entre ambos hay una barrera de potencial superior a la energía que ellos poseen. Mediante el efecto túnel, atraviesan esa barrera y la corriente eléctrica puede fluir entre los dos cables a través de su unión. No obstante, seguramente una de las aplicaciones estrella es la invención del microscopio de efecto túnel, que permite ver detalles de estructuras atómicas.

En resumen, en física cuántica, las partículas se describen mediante una función de onda, es decir, podríamos decir que se comportan como una onda al desplazarse. La amplitud de esa función de onda contiene información sobre la probabilidad de encontrar la partícula en una determinada posición. Cuando se encuentra frente a una barrera de energía superior a la suya, la función de onda penetra en el otro lado de la barrera y, aunque la amplitud decae rápidamente, la probabilidad de que se encuentre allí no es nula, es decir, puede estarlo. Eso es el efecto túnel.

PRINCIPIO DE ENTRELAZAMIENTO CUÁNTICO

En 1935, Erwin Schrödinger introdujo el fenómeno del entrelazamiento cuántico para dar explicación a determinados hechos empíricos que observaba en los experimentos. El entrelazamiento cuántico es el fenómeno por el cual los distintos estados cuánticos que definen dos o más partículas cuánticas quedan descritos por un solo estado cuántico que incluye ese conjunto de partículas cuánticas, donde esas partículas pueden estar separadas entre sí y sin conexión aparente. Por ejemplo, dos partículas distintas —por lo tanto, con funciones de onda diferentes y un espín (giro sobre su eje de simetría, para simplificarlo) distinto— se pueden entrelazar. Entonces, una misma función de onda las integra, de manera que, cuando se mide el espín de una de ellas y este apunta, por ejemplo, hacia arriba, instantáneamente la otra partícula recibe una señal que hace que su espín pase a apuntar hacia abajo. Las mediciones realizadas en un sistema cuántico parecen influir en otro entrelazado, por muy separado que esté, y lo hacen de manera instantánea. Hoy en día, los experimentos de entrelazamiento cuántico se están realizando con fotones de luz. Dos fotones de luz emitidos desde una misma fuente coherente, como los haces de un láser, nacen entrelazados. Lo que le ocurra a uno de los fotones condicionará lo que le suceda al otro de manera instantánea, ya que, al estar entrelazados, la distribución de probabilidad de su función de onda está ligada de forma indisoluble a la dinámica de ambos. ¿Qué aplicaciones puede tener el entrelazamiento cuántico, que desafía al más común de los sentidos? Actualmente, hay una línea de investigación en la que este fenómeno es clave: la computación cuántica. Se fundamenta en lo que se denomina teleportación de estados cuánticos, en este caso, los cúbits (un análogo del bit, pero en el mundo cuántico). Si en la computación clásica la información que se transmite son dos estados binarios (1 o 0), un cúbit o bit cuántico es un estado cuántico que es la superposición de dos estados: puede estar en 1, en 0, o en ambos. Transmitir cúbits de manera entrelazada permitiría un aumento exponencial de la capacidad de cálculo de los ordenadores.

CAPÍTULO 4

Jugadas históricas: los experimentos clave de la física

En todos los juegos hay estrategias que conducen a jugadas maestras, a grandes partidas. En el mundo de la física también es así. Hay experimentos que han resultado clave, ya sea por la trascendencia de los resultados (positivos y negativos), ya sea por la belleza o la sofisticación del montaje experimental.

La experimentación es la base de la física. Podríamos hablar de miles y miles de experimentos importantes que han hecho avanzar el conocimiento de la física. En esta parte solo se recogen los que se consideran clave por su trascendencia, tanto social como científica, por su rigor y por los resultados obtenidos en la época en que se realizaron. Podría haber muchos más, por supuesto. Sin embargo, los que se incluyen han sido, sin duda, clave en la física.

EL DESCUBRIMIENTO DEL MOVIMIENTO DE LOS ÁTOMOS: EL MOVIMIENTO BROWNIANO

Robert Brown era un médico y biólogo escocés. En sus numerosas observaciones a través del microscopio se dio cuenta de un movimiento errático, aleatorio, que presentaban los granos de polen y las esporas de musgo cuando estaban en un medio acuoso. Inicialmente, como causa de ese movimiento errático planteó que esas partículas granulares eran seres vivos. Sin embargo, también lo observó en partículas de polvo, humo o arena muy fina, cuando se encontraban en un medio acuoso. Se llamó movimiento browniano. Se trata de un movimiento aleatorio que se observa en las partículas microscópicas que se encuentran en un fluido. Se debe a la agitación térmica del fluido, es decir, a que las moléculas de agua vibran más o menos en función de la temperatura e interactúan (chocan) constantemente con las partículas granulares que hay en el fluido, como el polen, que describe entonces un movimiento caótico. La partícula sólida recibe colisiones por todos los lados de las moléculas del fluido. Aunque el movimiento resultante es aleatorio, existen reglas estadísticas que lo rigen. Albert Einstein las explicó décadas después de que Robert Brown las detectara experimentalmente. Fue Einstein quien relacionó ese movimiento con la agitación de los átomos que forman las moléculas de un fluido. Sus trabajos llevaron a establecer que el movimiento browniano era una manifestación de la existencia de los átomos. Su forma de estudiar ese fenómeno sentó los fundamentos de la física estadística moderna.

Las partículas brownianas, es decir, las partículas que se mueven de manera errática dentro de un medio fluido, deben tener, por término medio, la misma energía que las moléculas del fluido en el que están inmersas. Las partículas del fluido, al ser menos masivas, se mueven más rápido y de forma aleatoria, mientras que las brownianas lo hacen más despacio, porque son más masivas, y de manera errática, como consecuencia de las múltiples colisiones que reciben. Los científicos de la época intentaron relacionar la velocidad de las moléculas y los átomos del líquido con la de la partícula browniana, sin éxito. Einstein enfocó el problema desde otro punto de vista: dibujó un círculo imaginario en torno a una partícula browniana y se preguntó cuál sería el tiempo medio que tardaría en alcanzar el borde de ese círculo. Con ese método, Einstein obtuvo una ecuación, basada en la estadística, que años después el físico Jean Perrin comprobó experimentalmente (y por la que obtuvo el Premio Nobel de Física en 1926) y demostró que el movimiento browniano es una manifestación de la agitación térmica de los átomos y, por lo tanto, de la existencia misma de los átomos. Así, la existencia de los átomos quedaba demostrada, más de dos mil años después de que Demócrito de Abdera (460-370 a. C.) los propusiera como idea de partículas indivisibles constituyentes de la materia.

El método de Einstein para resolver y describir el movimiento browniano es un cambio importante en la forma de pensar en la física. Por primera vez, un razonamiento estadístico permitió a los físicos saber el comportamiento de multitud de partículas, en este caso átomos, sin conocer el comportamiento individual de cada una de ellas.

LA DETERMINACIÓN DE LA CONSTANTE
DE LA GRAVITACIÓN UNIVERSAL: EL EXPERIMENTO DE CAVENDISH

Tras la formulación de la ley de la gravitación universal de Isaac Newton, en 1687, ni el propio Newton ni los físicos de la época mostraron interés por conocer el valor de la constante de proporcionalidad entre la fuerza gravitatoria de dos masas separadas por una distancia, la popular G. La consideraban simplemente una constante, sin ninguna trascendencia especial. No fue hasta finales de 1798 cuando los físicos tuvieron la necesidad de conocer el valor de esa constante para poder calcular el valor de la masa de la Tierra. De ese modo, los astrónomos podrían estimar las masas de la Luna y el Sol y mejorar las ecuaciones de sus órbitas. A raíz de esa necesidad, Henry Cavendish desarrolló en 1798 un experimento para cal cular el valor de G, el cual se convirtió en uno de los experimentos más elegantes e importantes de la historia de la física.

Cavendish usó una balanza de torsión para medir la débil fuerza de atracción gravitatoria entre dos masas esféricas idénticas de 730 g y unos 5 cm de diámetro, situadas en los extremos de un brazo horizontal de madera que colgaba de un hilo largo por el punto medio. A unos 22,5 cm de cada una de esas bolas situó otras dos esferas masivas, de unos 158 kg y unos 12 cm de radio, dispuestas de manera alternada, como muestra el esquema de la figura 15.

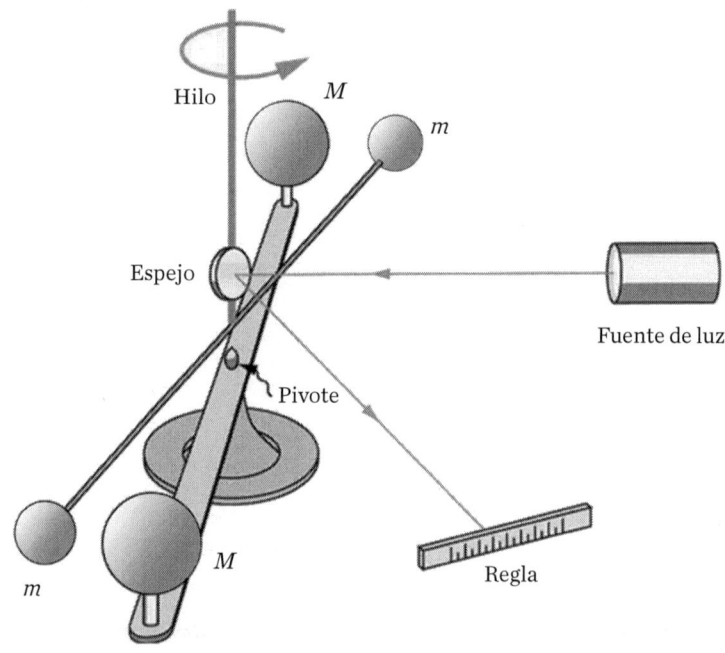

Figura 15. Esquema del funcionamiento de la balanza de torsión de Cavendish.

La fuerza de atracción gravitatoria entre las bolas hace que la menos masiva se desplace un poco. Eso provoca que el hilo se retuerza suavemente. Aparece entonces una torsión sobre el brazo horizontal, que gira ligeramente. Al retorcerse un poco el hilo, surgen un par de fuerzas (un momento de fuerza) que se oponen al giro realizado por el brazo como consecuencia de la fuerza gravitatoria. Ese momento es proporcional al ángulo girado. Es el mismo fenómeno que ocurre cuando sujetamos un hilo por la parte superior y este se retuerce: la parte inferior también gira, pero, cuando deja de retorcerse, el extremo inferior tiende a recuperar la posición inicial. Después de ese giro se alcanza un ángulo de equilibrio, alrededor del cual se produce una pequeña oscilación. Debido a la inercia de las masas, estas se desplazan un poco más allá del ángulo de equilibrio. La torsión las frena y las devuelve otra vez al punto de equilibrio, lo que genera una pequeña oscilación. El período de esa oscilación resulta clave para estimar el valor de la fuerza que ejerce el hilo y es lo que Cavendish midió de forma precisa observando el pequeño movimiento de un rayo de luz reflejado en un espejo colocado en el hilo que se retuerce. Cavendish ensambló un telescopio al mismo montaje experimental, totalmente aislado para evitar la influencia de las corrientes de aire sobre el movimiento de las masas, a través del cual observó y pudo medir el ángulo de equilibrio y las oscilaciones del hilo.

El valor experimental obtenido por Cavendish tuvo una exactitud extraordinaria, con un error de solo el 1% del valor de G, que actualmente se ajusta con instrumentos mucho más precisos. Cavendish publicó en *Philosophical Transactions of the Royal Society of London* el valor de la densidad de la Tierra, obtenido después de medir experimentalmente el valor de G, hecho que quedó en un segundo plano. No fue hasta casi un siglo después, en 1873, cuando los físicos se dieron cuenta de la importancia de conocer el valor de la constante G para el desarrollo de la astronomía y la cosmología. La determinación de su valor representó un avance para la astrofísica, ya que permitió describir las órbitas de los planetas con precisión, establecer modelos cosmológicos sobre el Universo o poner satélites en órbita.

EL DESCUBRIMIENTO DE LA CUANTIZACIÓN
DE LA CARGA ELÉCTRICA: EL EXPERIMENTO DE MILLIKAN

A finales del siglo XIX, el físico sir Joseph John Thomson descubrió la existencia del electrón, por lo que recibió el Premio Nobel en 1906. Ese descubrimiento fue fruto de numerosos experimentos en los que concluyó que esa nueva partícula era fundamental y tenía un valor determinado, que él no llegó a encontrar. En 1923, Robert Andrews Millikan recibió el Premio Nobel de Física por encontrar el valor de la carga del electrón, pero lo más destacable es que se dio cuenta de que también era la carga mínima que podía tener un cuerpo material. Es decir, concluyó que la carga de un cuerpo siempre es proporcional a un número entero de veces la carga eléctrica fundamental.

El diseño experimental de Millikan consistió en una cámara divida en dos compartimentos. En el compartimento inferior colocó dos placas conductoras paralelas a la base, de manera que se cargaban con cargas opuestas para generar un campo eléctrico vertical, dirigido de arriba abajo. En el compartimento superior, un atomizador dispersaba pequeñísimas partículas de aceite, las cuales precipitaban por acción de la gravedad. Los dos compartimentos estaban conectados por un orificio, de manera que algunas de las gotitas de aceite dispersado entraban en el inferior. En la parte superior del compartimento inferior se emitían rayos X con el objetivo de ionizar el aire que había entre las dos placas conductoras. De ese modo, los electrones generados en el aire quedaban unidos a las gotitas de aceite a medida que iban precipitando, con lo que estas se cargaban eléctricamente. Una fuente de luz iluminaba esas partículas, las cuales Millikan podía observar a través de un microscopio mientras caían.

Variando la diferencia de potencial entre las dos placas del compartimento inferior, la velocidad de caída de las gotitas de aceite cargadas se modifica, ya que una fuerza electrostática dirigida hacia arriba puede frenarlas e incluso compensar la fuerza del peso y detenerlas, de manera que pueden permanecer en equilibrio si la fuerza electrostática compensa la fuerza del peso y la de rozamiento viscoso con el aire.

Millikan observó que, con diferentes voltajes, las gotitas que se mantenían en equilibrio también eran distintas, lo que le permitió encontrar una relación entre el voltaje necesario para mantener las gotitas en equilibrio y su masa a fin de determinar la carga eléctrica de cada una, que siempre era un número entero de un valor mínimo, el de la carga eléctrica fundamental, el electrón.

El valor obtenido por Millikan para la carga elemental del electrón era de $1.631 \cdot 10^{-19}$ C, un valor que difiere en menos del 5% del valor aceptado actualmente. En 1986 se obtuvo la medición más precisa de la carga del electrón: $1,60217653 \, (14) \cdot 10^{-19}$ C. La cifra entre paréntesis indica la incertidumbre de esa medición experimental. El experimento de Millikan difiere una centésima del valor aceptado actualmente.

El avance de las ondas: el experimento de Fresnel

Cuando una onda atraviesa una abertura grande, de una anchura muy superior a su longitud de onda, sigue propagándose de forma rectilínea, sin sufrir prácticamente ninguna alteración. Sin embargo, a medida que el agujero se reduce de tamaño, se empieza a observar cierta deformación de la onda justo en los bordes de la abertura. Cuando se reduce a unas dimensiones comparables con la longitud de onda, la deformación es muy marcada y la onda ya no se propaga de forma rectilínea, sino que se desvía. Es el fenómeno de la difracción, un cambio de dirección de la propagación sin que cambie el medio por el que se propaga la onda. Ese hecho experimental ya era conocido por el astrónomo Christiaan Huygens, quien postuló que cada punto de un frente de onda se convierte en un nuevo foco puntual de ondas de las mismas características que la onda originaria. La envolvente del conjunto de ondas secundarias generadas por esos puntos emisores forma el nuevo frente de onda. Es el conocido principio de Huygens, ya descrito en el capítulo 3 como explicación de la propagación de las ondas. No obstante, ese principio no acabó de convencer a toda la comunidad científica, ya que, si bien permite explicar fenómenos ondulatorios como la difracción, Huygens no pudo explicar por qué razón los nuevos focos puntuales del frente de onda solo generaban ondas secundarias hacia adelante y no hacia atrás.

Un siglo y medio después, Augustin Fresnel postuló una solución a ese hecho basándose en la interferencia de las ondas. Las ondas en retroceso de los focos puntuales generan una interferencia destructiva con el frente de onda, mientras que los máximos de la onda envolvente se hacen visibles y construyen así el nuevo frente de onda que avanza hacia adelante. Mediante el fenómeno de la interferencia, Fresnel también dio una explicación a los máximos y mínimos que se observan después de la difracción de una onda que atraviesa una abertura de las mismas características que su longitud de onda. De hecho, Fresnel postula que la difracción es una consecuencia de la interferencia de las ondas, lo que implica que la luz se propaga según un modelo ondulatorio y no corpuscular (o newtoniano), como sostenía la corriente de pensamiento de los físicos de la época.

La hipótesis de Fresnel sobre la naturaleza ondulatoria de las ondas no era la línea de pensamiento de los físicos de la época, que apostaban por una teoría corpuscular de la luz. Por ello, el experimento para demostrar su hipótesis se considera uno de los más relevantes de la historia de la física. Este se presentó ante la Academia Francesa de las Ciencias en 1819. La Academia estaba formada básicamente por científicos convencidos del modelo corpuscular de propagación de la luz, encabezados por Siméon Denis Poisson. Según el modelo ondulatorio que defendía Fresnel, si se interponía un obstáculo a cierta distancia de una fuente luminosa, la interferencia de las ondas luminosas difractadas en los bordes del objeto formaría un punto luminoso en una pantalla situada a cierta distancia detrás del obstáculo, dentro de la zona que correspondería a la sombra proyectada por el propio objeto. La luz debía ser capaz de rodear el obstáculo y eso iba totalmente en contra del modelo corpuscular que defendía la Academia, en el que los rayos de partículas de la luz se movían en línea recta. El resultado del experimento fue sorprendente, ya que efectivamente se formó una mancha puntual luminosa allí donde predecía el modelo de Fresnel, dentro de la zona de sombra del objeto, que se denominó punto de Arago, en honor del presidente del jurado de la Academia Francesa de las Ciencias que organizó el experimento. Ese punto luminoso se produce por la interferencia de las ondas luminosas después de que se difracten en los bordes del obstáculo.

El experimento de Fresnel resultó clave para cambiar la percepción de la naturaleza de la luz y considerarla ondulatoria.

LA FUERZA DE LORENTZ: EL CICLOTRÓN

Cuando una partícula cargada se mueve dentro de un campo magnético, sobre ella se ejerce una fuerza magnética o fuerza de Lorentz, nombre que recibe en honor del físico Hendrik Lorentz, quien determinó una expresión matemática que describe y cuantifica la fuerza sobre una partícula cargada en movimiento bajo la acción de un campo magnético. Si la trayectoria de esa partícula es rectilínea y el campo magnético actúa perpendicularmente a ella, la partícula se desvía describiendo una trayectoria circular. Con esa base física, en la década de 1920 empezó a plantearse la idea de construir un dispositivo que permitiera acelerar partículas cargadas mediante giros sucesivos en espiral de esas partículas bajo la acción de un campo magnético. El funcionamiento teórico era relativamente sencillo. Se disponían dos electrodos en forma de D colocados frente a frente y separados entre sí por una pequeña distancia donde se había hecho el vacío. En la región entre las D se aplicaba una diferencia de potencial. Entonces, una partícula cargada sería acelerada de un electrodo al otro. En la región de los electrodos en forma de D se aplicaba un campo magnético uniforme, perpendicular a la superficie de las D, pero no se aplicaba en la región comprendida entre los dos electrodos. Las partículas cargadas, una vez aceleradas, penetrarían en la región donde existía el campo magnético uniforme perpendicular. La fuerza de Lorentz las desviaría en una trayectoria semicircular. Esas partículas regresarían al electrodo. Luego, la generación de un voltaje variable mediante radiofrecuencia cambiaría la diferencia de potencial en la región de aceleración de la carga, de manera que esta volvería a ser acelerada en esa región hacia el otro electrodo. Cuando la partícula entrara en el otro hemisferio en forma de D, la fuerza de Lorentz volvería a desviar la trayectoria rectilínea de la carga. Esa vez, al tener más velocidad, el radio de giro sería mayor. De manera sucesiva, la partícula iría acelerando en la región entre los electrodos y el radio de giro iría aumentando. En teoría, después de varios ciclos dentro de las regiones en forma de D, la energía cinética final de la partícula sería directamente proporcional al cuadrado del radio de giro.

El resultado esperable sería que, después de varios giros, las partículas pudieran adquirir velocidades elevadas. Una vez alcanzada la velocidad deseada, esas partículas podrían conducirse a un acelerador lineal. La figura 16 muestra un esquema de ese dispositivo.

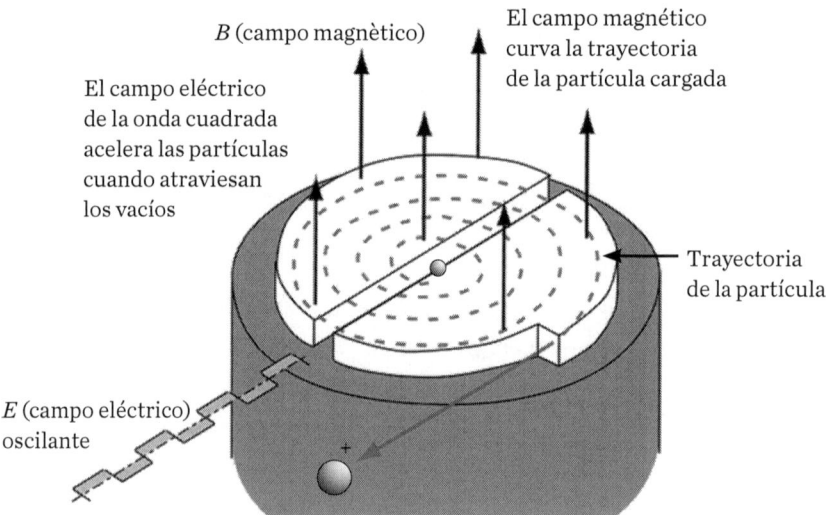

Figura 16. Esquema de funcionamiento de un ciclotrón.

En 1932, Ernest Lawrence, de la Universidad de California en Berkeley, desarrolló y patentó un prototipo de ciclotrón, nombre que se dio al dispositivo de aceleración de partículas, por el que recibió el Premio Nobel de Física en 1939. La energía final de las partículas aceleradas en ese ciclotrón llegó a rebasar los 4 MeV, un valor muy superior a los que se alcanzaban hasta entonces mediante aceleraciones lineales en tubos de vacío sometidos a una diferencia de potencial de millones de voltios. Hasta el momento de la invención y la implantación del ciclotrón, la manera de acelerar partículas era mediante un campo electrostático en un tubo de vacío. Las partículas eran aceleradas debido a la existencia de una única diferencia de potencial enorme entre los extremos de un tubo de vacío. Por el contrario, en el ciclotrón, las partículas son aceleradas varias veces durante su camino en espiral, de manera que se ven aceleradas repetidamente, con un potencial mucho menor. La velocidad que adquieren es muy superior a la que alcanzan mediante la aceleración lineal.

LA PRIMERA REACCIÓN NUCLEAR CONTROLADA: EL CHICAGO PILE

La idea de una reacción nuclear en cadena fue teorizada por primera vez por el físico húngaro Leo Szilard en 1933. Si una reacción nuclear produce neutrones suficientes y estos originan nuevas reacciones en otros núcleos próximos, el proceso de reacción podría perpetuarse y mantenerse en el tiempo. Pocos años después, en 1938, los científicos alemanes Otto Hahn y Fritz Strassmann descubrieron la fisión nuclear y abrieron la posibilidad teórica de crear una reacción nuclear en cadena con uranio o iridio. Sus experimentos teóricos no tuvieron éxito. En 1939, un equipo de físicos de la Universidad de Columbia (Nueva York), encabezados por Enrico Fermi, postularon que, para producir una reacción nuclear en cadena, había que emitir neutrones adicionales a los generados en la fisión del uranio. La figura 17 muestra un esquema de ese proceso. Esa nueva hipótesis permitió a dicho equipo de científicos llevar a cabo ese mismo año el primer experimento de fisión nuclear, en el cual confirmaron la emisión de neutrones en el proceso de fisión y que la multiplicación de neutrones en la fisión del uranio podría comportar la formación de una reacción en cadena y la emisión de mucha energía.

$$U_{92}^{235} + n_0^1 \rightarrow U_{92}^{236} \rightarrow Ba_{56}^{141} + Kr_{36}^{92} + 3n_0^1$$

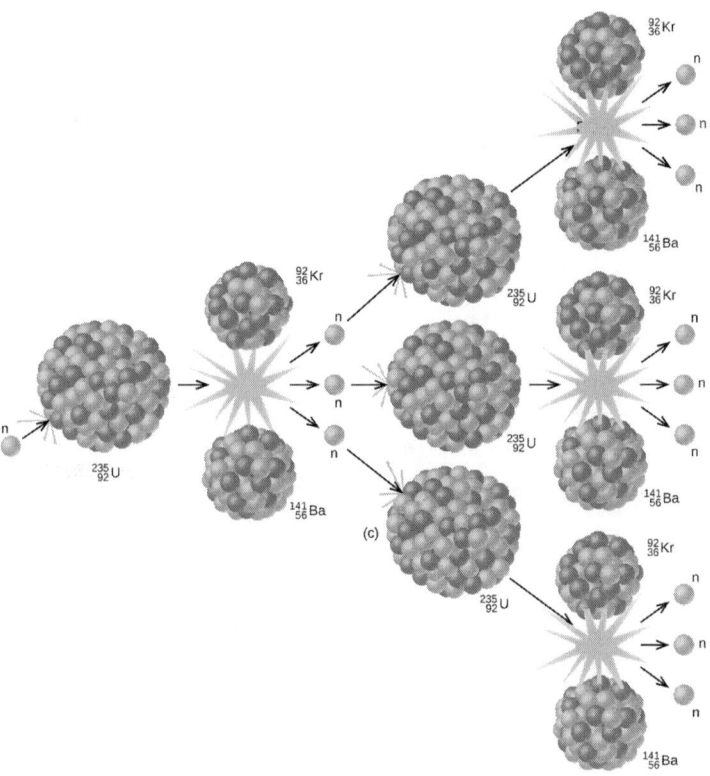

Figura 17. Ecuación teórica de la reacción en cadena (arriba) y esquema conceptual de la reacción en cadena al fisionar el uranio 235.

Esas primeras investigaciones sobre la reacción en cadena en los procesos de fisión nuclear condujeron al diseño y al posterior desarrollo del primer reactor nuclear, el conocido como Chicago Pile (CP-1). El objetivo era muy claro: construir un reactor que fuera capaz de controlar una reacción de fisión nuclear para obtener así la energía que se genera en el proceso de fisión. La construcción del CP-1 se llevó a cabo en el contexto del proyecto Manhattan, en el que los países aliados en la Segunda Guerra Mundial pretendían construir una bomba atómica bajo la supervisión de Enrico Fermi. Una de las mayores dificultades para mantener la reacción en cadena en el reactor fue encontrar la denominada masa crítica, es decir, la cantidad mínima de material fisionable para mantener la reacción en cadena. Cada reacción de fisión del uranio produce entre dos y tres neutrones, pero no todos esos neutrones pueden continuar fisionando otros núcleos, ya que los neutrones se pierden después de emitirse. Si el ritmo de esa pérdida es mayor que el ritmo de formación de neutrones por fisión del uranio, la reacción no será autosostenible y se detendrá. Para que eso no suceda, solo un neutrón de los dos o tres liberados en la fisión del uranio deberá colisionar con otro núcleo de uranio para fisionarlo. Si hay más de un neutrón, la reacción crecerá sin control y formará una bomba atómica. Si ningún neutrón de los dos o tres emitidos después de una fisión colisiona con nuevos núcleos, la reacción se detendrá. Para controlar el número de neutrones libres en el CP-1, el equipo de Fermi proponía utilizar unas láminas de cadmio para absorber los neutrones y controlar la reacción.

Tras unos meses de construcción, las ideas de Fermi y su equipo sobre el reactor nuclear se pusieron a prueba el 2 de diciembre de 1942. Después de 28 minutos de reacción mantenida, esta se detuvo al introducir unas capas de cadmio que absorbieron los neutrones. Por primera vez se había logrado que una reacción de fisión se produjera en cadena y se pudiera controlar. Generó una potencia simbólica de casi 0,5 W. El 12 de diciembre se mantuvo durante más tiempo y generó 200 W. A partir de ese momento, proyectos sucesivos mejoraron el CP-1. Acababa de empezar la carrera de los reactores nucleares y, así, la era de la energía atómica.

El reactor nuclear CP-1 estaba construido con 288 bloques de óxido de uranio de $20 \times 20 \times 20$ cm rodeados de otros de grafito de $10 \times 10 \times 30$ cm. El aspecto final era el de una estructura enrejada cúbica que contenía unos 45.000 bloques de grafito con unas 19.000 piezas de óxido de uranio y uranio, que se colocó bajo las gradas del campo de fútbol americano de Chicago, donde se realizaron las pruebas experimentales.

EL ESPÍN CUÁNTICO: EL EXPERIMENTO
DE STERN-GERLACH

En 1922, Otto Stern y Walther Gerlach desarrollaron uno de los experimentos clave para lo que pocos años después sería el nacimiento de la mecánica cuántica. Stern se había interesado por los experimentos llevados a cabo por varios físicos en la década anterior sobre la producción de rayos atómicos, es decir, la generación de un haz de átomos que se desplazan de forma rectilínea. Stern y Gerlach pensaron que esos tipos de rayos podrían ser útiles para estudiar algunas propiedades elementales de los átomos. En sus experimentos calentaron átomos de plata para generar un haz de átomos neutros, con un único electrón en su capa de valencia. Esos rayos se desplazaban en línea recta hasta penetrar en una región donde Stern y Gerlach habían dispuesto un campo magnético vertical no uniforme mediante dos imanes.

El momento magnético de un átomo es una magnitud que cuantifica su campo magnético intrínseco. Los átomos se pueden considerar pequeños imanes y, según como orbite el electrón de valencia alrededor del núcleo, el momento magnético tendrá unos valores y orientaciones determinados. En particular, los átomos de plata del experimento de Stern-Gerlach tienen todos los niveles electrónicos ocupados y solo hay un electrón de valencia que orbita alrededor del núcleo, el cual es el responsable del momento magnético del átomo de plata.

Al penetrar los átomos del haz en el dispositivo magnético, sobre ellos aparece una fuerza magnética que los acelera en la misma dirección del campo externo y los desvía de su trayectoria inicialmente rectilínea. Esa desviación depende de la orientación del momento magnético del átomo respecto al campo externo, de manera que los átomos con el momento magnético perpendicular al campo externo no se desvían, mientras que, si es paralelo, la desviación será máxima.

Según la teoría clásica, los momentos magnéticos de los átomos de plata están orientados al azar y todas las orientaciones son posibles. Entonces, el campo magnético no uniforme provocará que los átomos se desvíen de forma aleatoria, dependiendo del ángulo entre su momento magnético (que puede tomar cualquier dirección) y la dirección del campo magnético externo. Por consiguiente, en una superficie sensible a los impactos atómicos que Stern y Gerlach situaron a la salida del dispositivo magnético, debería observarse una franja vertical de trazo continuo que correspondería al conjunto de los impactos de los átomos de plata.

El resultado del experimento no mostró esa predicción. Solo aparecieron dos posibles zonas de impacto de los átomos, de la misma intensidad, separadas por una zona central donde había ausencia de impactos. Eso parecía sugerir que los átomos de plata solo podían desviarse en dos direcciones, o bien hacia arriba o bien hacia abajo, y que ambas direcciones eran igual de probables.

El resultado del experimento de Stern-Gerlach llevó a los físicos a postular que los momentos magnéticos de los átomos de plata y, por lo tanto, el momento magnético del electrón solo pueden tener dos orientaciones y no cualquiera, como se postulaba hasta entonces. Aunque el electrón es una partícula fundamental, sin estructura interna, puntual (y, por lo tanto, sin rotación), se comporta como un imán diminuto que solo puede orientar su momento magnético en dos sentidos: hacia arriba o hacia abajo. Esa propiedad intrínseca se llamó espín.

No fue hasta finales de 1928 cuando Paul Dirac planteó la ecuación fundamental de la mecánica cuántica, en la que aparece de manera natural una nueva propiedad del electrón, el espín, el mismo concepto que seis años antes habían detectado Stern y Gerlach en su experimento.

LA DEMOSTRACIÓN DEL PRINCIPIO DE CONSERVACIÓN DE LA ENERGÍA: EL EXPERIMENTO DE JOULE

El principio de conservación de la energía mecánica es uno de los pilares en los que se sustenta la física: la energía mecánica se transforma, pero no se crea ni se destruye. Experimentalmente, fue James Prescott Joule quien lo demostró en lo que se considera uno de los experimentos más ingeniosos de la física. Desde una determinada altura, se deja caer un objeto de una masa determinada atado con una cuerda que pasa por una polea y que, en el otro extremo, está conectada a una hélice situada en el interior de un barril lleno de agua, como muestra la figura 18.

A medida que la masa cae, se reduce la energía potencial porque una parte se transforma en energía cinética de la misma masa y otra parte se convierte en energía cinética en la hélice. El movimiento de la hélice agita el agua del barril: transfiere energía cinética a sus moléculas. Ese incremento de la energía cinética de las moléculas del agua se traduce en un ligero aumento de la temperatura del fluido, que se puede medir con un termómetro.

El experimento de Joule no solo demuestra la transformación de la energía mecánica (la energía potencial inicial de la masa se transforma en energía cinética de rotación de la hélice, y esta, en energía cinética de las moléculas del agua), sino también que el calor es energía, como evidencia el incremento térmico del agua.

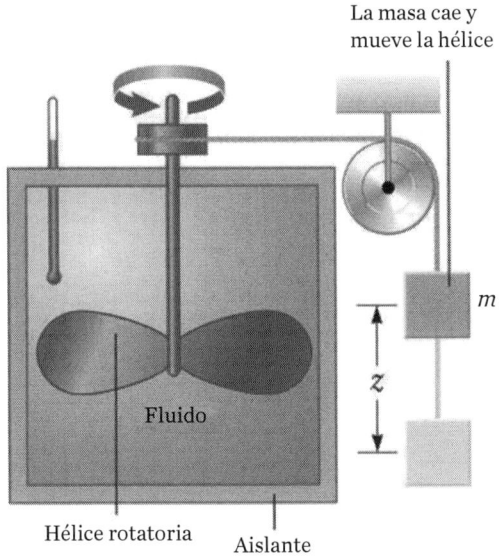

La masa cae y
mueve la hélice

m

z

Fluido

Hélice rotatoria

Aislante

Figura 18. Esquema del **experimento de Joule.**

EL FRACASO ROTUNDO MÁS IMPORTANTE DE LA FÍSICA: EL EXPERIMENTO DE MICHELSON-MORLEY

A finales del siglo XIX ya se sabía que la luz era una onda y que, como tal, necesitaba un medio para propagarse. Entre la Tierra y el Sol, y en general en el espacio exterior, debería existir un medio que permitiera la propagación de las ondas de luz. Ese medio se conocía como éter. Se le atribuía ser transparente y estar en reposo absoluto, llenando todo el espacio. El éter era el marco de referencia absoluto del Universo: todos los planetas y cuerpos celestes del cosmos se movían en relación con ese medio. Una de las inquietudes de los físicos de la segunda mitad del siglo XIX era medir la velocidad del Sistema Solar respecto al éter. Sin embargo, habían fracasado porque creían que los efectos que buscaban en sus experimentos para detectar el éter eran demasiado pequeños.

En 1878, Albert Abraham Michelson había realizado trabajos experimentales para medir la velocidad de la luz, con muy buenos resultados, y pensó que podría diseñar un experimento con suficiente precisión para detectar el movimiento de la Tierra a través del éter. Con ese objetivo y la hipótesis de la existencia del éter, construyó, junto con su colega Edward Morley, lo que pasó a llamarse interferómetro de Michelson-Morley. Ambos creían que la dirección del viento del éter respecto al Sol variaría si se medía desde la Tierra en épocas distintas del año. Según la época, los rayos de luz del Sol serían «empujados» por el viento del éter o bien se moverían en contra del viento del éter para llegar a la Tierra. Si asimilamos un rayo de luz a un nadador y el éter a agua de un río, el primero debería verse empujado o retrasado por la corriente de agua según si nada a favor o en contra de ella.

El interferómetro de Michelson-Morley está formado por una lente semitransparente que divide un rayo de luz monocromática en dos haces que se desplazan perpendicularmente entre sí para recorrer una misma distancia, como muestra la figura 19. Después de reflejarse en dos espejos, los haces regresan a la lente semitransparente, la atraviesan y convergen en un punto común, donde forman un patrón de interferencia. En el centro de la interferencia debe aparecer una mancha brillante, en el supuesto de que los dos rayos recorran la misma distancia por el interferómetro. Sin embargo, uno de ellos se desplaza empujado por el éter, de manera que modifica su velocidad. Un cambio en la velocidad de la luz provocado por el empuje o la oposición del viento del éter será detectado por el espectrómetro, que mostrará una variación en las franjas del patrón de interferencia.

Michelson y Morley estimaron que, para una longitud de onda de unos 600 nm y una velocidad de la Tierra alrededor del Sol de 30 km/s, habría un cambio de aproximadamente 0,04 franjas de interferencia si el espectrómetro se girara 360° (es decir, en dos estaciones opuestas del año). La resolución del interferómetro debería ser suficiente para detectar este cambio.

Los resultados fueron sorprendentes: no se observó ningún cambio en el patrón de interferencia. La conclusión era muy clara: la hipótesis de un éter estacionario era incorrecta, el éter no existía. Los partidarios del éter no se quedaron satisfechos con esa conclusión tan contundente y revolucionaria y le pidieron a Michelson nuevos experimentos más precisos. En 1887, Michelson y Morley construyeron un nuevo interferómetro más sensible y con mayor resolución. Para evitar la distorsión de cualquier vibración, lo colocaron en un sótano sobre un gran bloque de piedra que flotaba en mercurio, protegido de los efectos térmicos y de las vibraciones. Los resultados fueron los mismos: ningún cambio en el patrón de interferencia, el éter no existía.

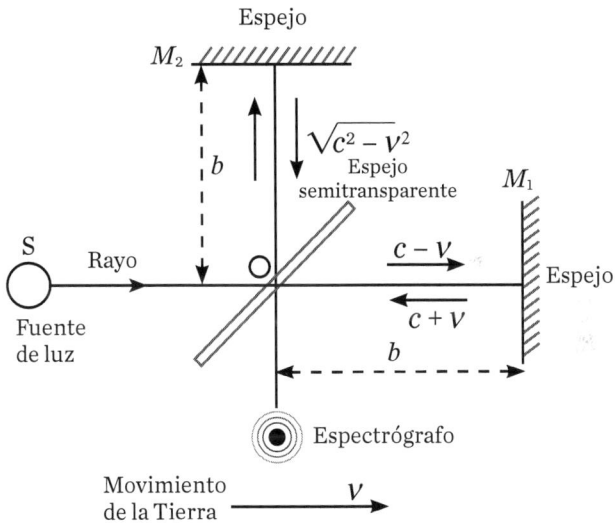

Figura 19. Esquema de funcionamiento del interferómetro que construyeron Michelson y Morley.

Durante casi cincuenta años después del contundente resultado de Michelson y Morley en 1887, se sucedieron múltiples experimentos cada vez más precisos para detectar el viento del éter, siempre con el mismo resultado: no hay pruebas experimentales de la existencia de un medio material interestelar como el éter, sino del vacío.

Los resultados negativos del experimento de Michelson-Morley fueron clave para que Albert Einstein planteara su revolucionaria hipótesis: la velocidad de la luz es constante en todos los sistemas de referencia inerciales; por ello, no se detecta ningún cambio en el patrón de interferencias en el espectrómetro de Michelson-Morley. El espacio y el tiempo no son absolutos, sino que el espacio se contrae y el tiempo se dilata para que la velocidad de la luz sea la misma. Años más tarde, Einstein formuló la teoría de la relatividad especial.

Aunque en esa época se habló del «fracaso» del experimento de Michelson-Morley, en realidad fue uno de los experimentos más precisos y sofisticados de la física y sus resultados fueron todo un éxito.

LA VERIFICACIÓN DE LA DILATACIÓN DEL TIEMPO: EL EXPERIMENTO DE HAFELE-KEATING

Uno de los resultados más sorprendentes de la teoría de la relatividad de Einstein es la dilatación del tiempo en los relojes situados en los sistemas de referencia inerciales, que se desplazan a una velocidad cercana a la de la luz al vacío, c, respecto a otros sistemas de referencia en reposo. Hasta 1971 solo se conocían los resultados teóricos fruto de la teoría de la relatividad, pero no había ninguna prueba experimental de esa dilatación temporal. Los físicos Joseph C. Hafele y Richard E. Keating diseñaron por primera vez un experimento que pretendía comprobar los resultados que predecía la teoría de Einstein sobre la dilatación del tiempo. Instalaron en aviones comerciales varios relojes atómicos de cesio sincronizados entre sí. El primero, en un avión que estuvo volando hacia el este durante 41 horas a unos 8.900 m de altitud y a una velocidad media de 713 km/h; otro, en uno que lo hizo hacia el oeste durante casi 49 horas a unos 9.400 m de altitud y a una velocidad media de 440 km/h. Un tercer reloj se quedó en tierra, en la ciudad de Washington. Desde un punto de vista teórico, tomando como referencia un sistema de referencia inercial imaginario situado en el centro de la Tierra, todos los relojes deberían dilatar la medida del tiempo en un factor de Lorentz que depende de la altitud a la que se encuentren (por los efectos gravitatorios definidos por la teoría general de la relatividad) y la velocidad a la que se desplazan (por los efectos cinemáticos descritos por la teoría especial de la relatividad). Así, el reloj situado en Washington se desplazó a una velocidad igual a la de la rotación terrestre, V_T. El avión A, que se desplazaba hacia el este a una velocidad V_A, lo hizo respecto al centro de la Tierra a una velocidad $V_T + V_A$; y el avión que se desplazaba hacia el oeste lo hizo a una velocidad $V_T - V_B$. El reloj del avión que volaba hacia el oeste lo hizo a menor velocidad que el situado en Washington, ya que iba en sentido contrario al de la rotación terrestre, mientras que el reloj instalado en el avión que volaba hacia el este lo hizo más rápido. Por lo tanto, teóricamente, el reloj del avión que volaba hacia el este debía retrasarse respecto al de referencia situado en Washington, mientras que el del avión que volaba hacia el oeste debía adelantarse.

En los cálculos previos al experimento, Hafele y Keating estimaron que el reloj del avión que volaba hacia el oeste se adelantaría 275 ns respecto al de Washington, mientras que el del avión que volaba hacia el este se retrasaría 40 ns respecto al de referencia situado en la Tierra. Los resultados del experimento mostraron que el avión que volaba hacia el oeste registró un adelanto de 273 ± 21 ns, y el que volaba hacia el este, un retraso de 49 ± 10 ns, resultados totalmente coherentes con lo que predecía la teoría.

Desde que en el año 1971 se dieron a conocer esos resultados, que avalaban experimentalmente la teoría de Einstein, han sido innumerables las veces que se han aplicado las correcciones de la dilatación temporal originada por los efectos de la relatividad. Los satélites GPS, que orbitan a 20.000 km de altitud y se desplazan a una velocidad de 3,9 km/s, avanzan sus relojes 38 µs al día para evitar errores de posicionamiento. La Estación Espacial Internacional, que orbita a 340 km de altitud y a una velocidad de 7,7 km/s, atrasa los relojes 25 µs todos los días debido a los efectos relativistas, lo que hace necesario recalibrar los relojes desde la Tierra para evitar errores.

LA RADIACIÓN DE FONDO DE MICROONDAS: EL WMAP

Según la teoría del *big bang*, el Universo se inició a partir de una gran explosión que dio origen al espacio, al tiempo y a todas las partículas y antipartículas fundamentales. Tras esa explosión primordial, el Universo era una especie de sopa de plasma muy caliente en la que los fotones interactuaban constantemente con ese plasma. Al expandirse a gran velocidad, el Universo se enfrió y permitió que los electrones y los protones se unieran y formaran la materia primordial: los primeros átomos. En esa etapa de enfriamiento rápido, los fotones lograron propagarse de modo libre sin interactuar con el plasma (etapa que los cosmólogos denominan de desacoplamiento). El Universo dejó de ser opaco y se hizo visible. Esos fotones iniciales son los que hoy forman la denominada radiación de fondo de microondas.

Según esta teoría, en 1948, los físicos George Gamow, Ralph Alpher y Robert Herman postularon la existencia de esa radiación, la cual debía tener una distribución homogénea, medible desde cualquier punto del cielo y asociada a una temperatura de 2,7 K. Esa hipótesis, de confirmarse, validaría la teoría del *big bang*.

Dos décadas después, en 1964, Arno Penzias y Robert Wilson detectaron un ruido de fondo persistente en todas las direcciones del cielo mientras realizaban mediciones con una antena parabólica de microondas para la recepción de satélites. Después de repetir varias veces las mediciones y corroborar la persistencia de ese ruido de fondo, se dedicaron a estudiar su origen con el objetivo de eliminarlo de sus mediciones. Sin embargo, el ruido existía allá donde apuntaran al cielo con la antena y en cualquier época del año. Penzias y Wilson llegaron a la conclusión de que ese ruido de fondo, presente en todo el cielo y a lo largo de todo el año, era un tipo de radiación cósmica que procedía de muy lejos. Concluyeron que podía tratarse de la radiación cósmica de fondo de microondas postulada por Gamow, Alpher y Herman, la cual estimaron que tenía asociada una temperatura de 2,7 K, que es la temperatura actual del Universo. Penzias y Wilson recibieron el Premio Nobel de Física en 1978 por ese descubrimiento.

A principios de 1990, el satélite COBE obtuvo el primer mapa preciso de la radiación cósmica de fondo en el cielo, donde se observan ciertas zonas no homogéneas, correspondientes a áreas con ligerísimas variaciones de la temperatura de la radiación de fondo, con una temperatura media de 2,726 K, coincidente con la que los modelos teóricos y experimentales habían detectado. Tras el éxito de las mediciones del COBE (Premio Nobel de Física en 2006 a los físicos John C. Mather y George F. Smoot), en 2001, se puso en órbita un nuevo satélite, el WMAP, con el propósito de estudiar con mayor resolución las inhomogeneidades de la radiación cósmica de fondo. Y, en efecto, los sensores instalados en ese satélite de la NASA permitieron detectarlas con más resolución: en ese último mapa del Universo aparecen numerosas zonas con una temperatura ligeramente superior o inferior a la media, los 2,726 K. La existencia de esas zonas no homogéneas detectadas por el WMAP permitió establecer, entre otras conclusiones, que:

- Solo el 4% del Universo es materia ordinaria, el 23% es materia oscura y el 73% es energía oscura.
- La edad del Universo se estima en 13.800 millones de años y es abierta, es decir, el Universo continuará expandiéndose indefinidamente. Y tiene forma de cono.
- La constante de Hubble es de cerca de 71 ± 4 (km/s)/Mpc.

El proyecto del WMAP recibió el Premio Nobel de Física en 2012. En 2009, otro satélite, en esa ocasión de la Agencia Espacial Europea (ESA), terminó de definir el mapa de la radiación cósmica de fondo, con una resolución de millonésimas de grado. Las mediciones obtenidas por ese nuevo satélite, el Planck, han permitido actualizar los datos del WMAP. Hoy sabemos que, efectivamente, el 4% de la materia del Universo es ordinaria, pero la materia oscura casi llega al 27% y la energía oscura se sitúa en el 68%.

EL LIGO: LA DETECCIÓN DE LAS ONDAS GRAVITATORIAS

La teoría de la relatividad general de Einstein describe la existencia del espaciotiempo como la estructura del Universo. Ese espaciotiempo se curva bajo la influencia gravitatoria de los cuerpos masivos, como las estrellas o los agujeros negros. Si imaginamos el espaciotiempo como una sábana bien estirada, observaremos que, al colocar una bola masiva encima, la sábana se deforma y se hunde bajo su peso. Si la bola, por el motivo que sea, vibra o se desplaza rápidamente, ese movimiento se transmite por la sábana en forma de ondas que se propagan por toda ella. O, de manera similar, cuando sobre la superficie de un lago aparece una perturbación (por ejemplo, cuando tocamos el agua con un dedo), se genera una onda que se expande por el agua hasta puntos muy lejanos, más tenue cuanto más lejos está de la fuente generadora de la ondulación. Pues al espaciotiempo le ocurre algo parecido. Einstein ya predijo la existencia de esas ondas en el caso de que algún cuerpo masivo generara una oscilación más o menos violenta que deformara el espaciotiempo con una cierta frecuencia.

Hace unos 1.300 millones de años, dos agujeros negros de unas 29 y 36 veces la masa del Sol chocaron y formaron un único agujero negro de unas 62 veces su masa. En esa violenta colisión, el espaciotiempo vibró y se generaron ondas gravitatorias que se propagaron por el Universo. Son las que se detectaron en uno de los experimentos con mayor sensibilidad instrumental jamás realizados: el LIGO (del inglés Large Interferometer Gravitational-Wave Observatory). El LIGO es un interferómetro en forma de L con brazos de igual longitud: 4 km. Un rayo láser situado en la intersección de los dos brazos de la L envía dos haces de luz hacia los extremos de estos. Los sensores miden el tiempo que tardan ambos haces en ir y volver de la intersección de la L. Según los cálculos de Einstein, las ondas gravitatorias estiran el espaciotiempo, de manera que, si atraviesan los dos brazos del LIGO —que forman un ángulo de 90° entre sí—, uno de ellos debe cambiar de tamaño respecto al otro y, por lo tanto, el tiempo de retorno del haz láser debe verse modificado respecto al otro brazo. Debería observarse un cambio en el patrón de interferencia, ya que los rayos láser habrían recorrido una distancia distinta. El 14 de septiembre de 2015, el LIGO detectó el paso de ondas gravitatorias y observó una diferencia en la longitud de los brazos de alrededor de 10^{-22} m, lo que equivale, como comentaron los propios investigadores del LIGO, a detectar un cambio de distancia similar al grosor de un cabello situado en la estrella más cercana al Sol, Alfa Centauro, a unos cuatro años luz de distancia. Con semejante sensibilidad, el experimento del LIGO tuvo que tomar en consideración y corregir posibles perturbaciones, como las vibraciones provocadas por las personas al andar, el tráfico de camiones por carreteras cercanas, el empuje del viento o los movimientos sísmicos producidos a miles de kilómetros de distancia.

Además, el experimento del LIGO se llevó a cabo en dos observatorios, uno en Livingston (Luisiana) y el otro a Handford Site (Washington), separados por poco más de 3.000 km. Ambos detectaron las ondas gravitatorias el 14 de septiembre de 2015, con 7 ms de diferencia, mientras atravesaban la Tierra (y a todos nosotros, claro).

La importancia de la detección de las ondas gravitatorias no radica únicamente en que verifica, una vez más, la teoría de la relatividad de Einstein, sino también en que implica una nueva mirada hacia el Universo. Si, hace unos siglos, los astrónomos solo observaban el cosmos con telescopios y radiación visible, con el paso del tiempo empezaron a fijarse en el infrarrojo, el ultravioleta o los rayos X, y descubrieron aspectos y fenómenos más allá de lo que permite la luz visible. La constatación de la existencia de las ondas gravitatorias abre las puertas a tener una nueva mirada hacia el Universo: la de las ondas gravitatorias.

LA DETECCIÓN DEL BOSÓN DE HIGGS

Hacia mediados del siglo XX se desarrolló lo que hoy se conoce como modelo estándar de la física de partículas: una ordenación de las partículas subatómicas que se fueron detectando en aceleradores de partículas cada vez más complejos y de las interacciones entre ellas. El modelo ha logrado predecir la existencia de nuevas partículas, que, con el tiempo, se han detectado experimentalmente. Sin embargo, según el modelo, los leptones y los cuarks deberían tener una masa cero y, en cambio, en los diversos experimentos de física de partículas que se han ido realizando, tenían una masa asociada. Hay que pensar, por ejemplo, en el hecho de que el protón y el neutrón tienen masa, la cual se ha medido con mucha precisión. Esa discrepancia entre el modelo y la observación era una incomodidad preocupante para los físicos.

En 1964, el físico Peter Higgs introdujo un mecanismo en la teoría para dotar de masa a las partículas fundamentales. Lo hizo mediante una interacción entre un tipo de medio característico que impregna el espacio (denominado campo de Higgs) y las propias partículas. El bosón de Higgs, que es como se llamó, sería la partícula elemental que transmitiría esa interacción y que «cuadraría» el modelo teórico con las observaciones dotando de masa a las partículas fundamentales. Sin embargo, había que detectar experimentalmente ese bosón, esa partícula introducida en el modelo estándar de partículas.

Se hizo necesario construir el Gran Colisionador de Hadrones (Large Hadron Collider, LHC) en el CERN de Ginebra, un acelerador de partículas con capacidad para acelerarlas como ningún otro había hecho. Algunas partículas, como los protones, se aceleran a velocidades cercanas a la de la luz y, después de hacerlas chocar, los sensores ATLAS y CMS del LHC detectan ese bosón de Higgs entre los 500 millones de colisiones por segundo que se producen, en el corto tiempo de vida que tiene el bosón, inferior al microsegundo. Construir el LHC ha sido el reto tecnológico y científico más importante de la humanidad, dadas sus dimensiones —unos 27 km de trayectoria circular— y la tecnología que utiliza. Alcanzar las enormes aceleraciones es posible con el uso de potentes electroimanes que se enfrían a temperaturas cercanas a los 0 K, el cero absoluto. El viaje de las partículas subatómicas por los 27 km de tubo del LHC se realiza en condiciones de ultravacío, con una presión unas diez veces menor que la que hay en la superficie de la Luna. Es seguramente la instalación más grande y compleja que jamás haya construido el ser humano, en la cual están implicados unos 10.000 científicos de muchos países. Terminar el diseño del LHC costó más de una década, construirlo requirió otro decenio y aún se tardó alrededor de cuatro años más en calibrarlo y ponerlo en marcha: en total, unos 25 años de trabajo, una generación.

En julio de 2012, el CERN anunció la observación de una nueva partícula que concordaba con lo que el modelo define como bosón de Higgs. En experimentaciones sucesivas, los resultados se repitieron y se confirmó su existencia. Una vez más, la teoría predijo la existencia de partículas. El modelo estándar de la física de partículas quedó resuelto al incorporar el bosón de Higgs.

LA CAÍDA DE LOS CUERPOS DE GALILEO
Y EL EXPERIMENTO DE RICCIOLI

Entre los diversos experimentos que desarrollaron los astronautas del Apolo 15 sobre la superficie de la Luna en julio de 1971, hubo uno en el que dejaron caer de manera simultánea un martillo y una pluma y se verificó experimentalmente lo que, según la leyenda, hizo Galileo unos siglos antes desde la torre de Pisa y que significó una ruptura con las ideas aristotélicas del momento. Sin embargo, estrictamente no hay ninguna constancia de que Galileo realizara ningún experimento dejando caer distintas masas desde la torre de Pisa. Sí hay constancia de su experimentación sobre la caída de los cuerpos por un plano inclinado: soltó dos esferas de distinta masa desde lo alto de un plano inclinado y comparó el tiempo que tardaban en llegar a la base. Pese a la diferencia de masa de las esferas, el tiempo de caída era el mismo.

Parece que el astrónomo Giovanni Battista Riccioli dejó caer distintos objetos desde lo alto de la torre Asinelli de Bolonia en 1644 para verificar las ideas de Galileo sobre la caída de los cuerpos. Galileo fue el primero en corregir las ideas aristotélicas a ese respecto. El pensador griego afirmaba que la velocidad de caída de un cuerpo era proporcional a la masa. Cuanta más masa tenga un cuerpo, más rápido y antes llegará al suelo. Así, una piedra llegaría antes al suelo que la hoja de un árbol, si se soltaran simultáneamente desde la misma altura. No obstante, Galileo, basándose en sus experimentos sobre la caída de cuerpos por un plano inclinado, postuló que el aumento de la velocidad de caída de un cuerpo es constante, independientemente de la masa que tenga. Una piedra y la hoja de un árbol, en ausencia de rozamiento, llegan al suelo con la misma velocidad y tardan, por lo tanto, el mismo tiempo en hacerlo.

Según los datos disponibles, Riccioli fue quien determinó ese ritmo constante en la aceleración, al que atribuyó un valor de 9,6 m/s^2, muy cercano al de la aceleración de la gravedad, 9,8 m/s^2. Puede parecer que el experimento de Riccioli es muy simple y evidente, pero hay que contextualizarlo en el período histórico y social en el que se enmarca, en el que las ideas aristotélicas dominaban, la Iglesia tenía un poder absoluto y la experimentación en ciencia era inexistente. Para medir el tiempo de caída de los cuerpos desde lo alto de la torre de Bolonia, Riccioli empleó péndulos simples. Las distancias recorridas por los objetos lanzados eran anotadas y relacionadas con la oscilación del péndulo. Eso le permitió calcular el cambio del ritmo en la velocidad, es decir, la aceleración de la gravedad. También advirtió que el volumen de los cuerpos modificaba su tiempo de caída y propuso que el aire frenaba el descenso de los cuerpos y que, en ausencia de ese medio, la idea de Galileo era correcta.

Los astronautas del Apolo 15 demostraron, trescientos años después, la certeza de las ideas de Galileo. Entre el 26 de julio y el 7 de agosto de 1971 realizaron varios experimentos sobre la superficie de la Luna. Lo más representativo fue comprobar que una pluma y un martillo, soltados simultáneamente y desde la misma altura, caían a la misma velocidad y llegaban al suelo lunar a la vez.

EL EXPERIMENTO DE RUTHERFORD

A principios del siglo XX, el modelo atómico que imperaba era el propuesto por el físico sir Joseph John Thomson, quien, a partir de sus experimentos de descarga en tubos de vacío, concluyó que el átomo constaba de una estructura más o menos esférica de carga positiva y, dispersas en su interior, numerosas partículas negativas. Es lo que se conoce como modelo de Thomson o *plum pudding* («budín de pasas»), ya que se asemejaba a un budín con pasas distribuidas en la masa. El átomo era como una sandía, cuya pulpa roja representaría la carga positiva, y las pepitas distribuidas en su interior, las cargas negativas.

A principios del siglo XX, los estudiantes Johannes Geiger y Ernest Marsden, supervisados por Ernest Rutherford, experimentaban con la colisión de partículas alfa (núcleos de helio con carga positiva, que se mueven a una velocidad aproximada de un 3% de la de la luz) con una lámina fina de oro. Utilizaban un microscopio en una habitación oscurecida para detectar los destellos de luz emitidos cuando las partículas alfa chocaban con una pantalla de sulfuro de zinc colocada alrededor de la lámina de oro, como si fuera un anillo. Cabía esperar que una pequeña parte de las partículas alfa enviadas hacia la lámina fueran desviadas por la fuerza electrostática repulsiva existente entre los átomos de la lámina y las propias partículas alfa, y que la mayor parte de las partículas alfa salieran rebotadas al encontrarse con la nube de átomos que formaban la estructura de la lámina de oro. Sin embargo, los resultados fueron sorprendentes: la mayoría de las partículas alfa atravesaban la lámina de oro y se detectaban detrás de ella. Unas pocas eran desviadas de su trayectoria y detectadas alrededor de la lámina de oro. No obstante, lo más sorprendente fue que alrededor de una de cada 8.000 partículas alfa salía rebotada en la dirección contraria a la que se movía originalmente. Esos resultados tan inesperados llevaron a Rutherford a proponer una explicación que cambiaría el modelo de átomo de Thomson considerado válido hasta entonces. El hecho de que la mayoría de las partículas alfa atravesaran la lámina llevó a Rutherford y a sus dos estudiantes a pensar que el átomo debía consistir en una pequeña y densa concentración de carga positiva que formaba un núcleo atómico, con los electrones situados alrededor del núcleo y dejando un enorme espacio vacío. Rutherford estimó que el tamaño del núcleo era de 10^{-15} m, mientras que el átomo en su conjunto medía 10^{-10} m. Es decir, el átomo está formado en su mayor parte por espacio vacío.

En ese modelo, la gran mayoría de las partículas alfa pasaban a través del espacio vacío entre el núcleo y los electrones. Una parte de las partículas alfa, las que pasaran muy cerca del núcleo, eran desviadas por la fuerza de repulsión electrostática entre el núcleo y las partículas y una pequeña parte, las que colisionaban directamente con el núcleo, salían rebotadas. Ese modelo atómico rompió de manera radical con el de Thomson y permitió explicar el experimento de Rutherford. Fue el inicio de la nueva concepción del átomo y abrió las puertas a la teoría atómica de Bohr y al desarrollo de la física cuántica.

CAPÍTULO 5

Trampas en el juego: la pseudofísica

En todos los juegos hay alguien que hace trampas. A veces, son trampas intencionadas, de mala fe, para fomentar intereses personales o desprestigiar a otros jugadores, y otras veces son trampas inocentes, sin ninguna mala intención, que se hacen sin querer, fruto de descuidos o del desconocimiento de las reglas del juego.

En física, las trampas las hacen los practicantes de la pseudofísica, que se apropian del lenguaje de la física para argumentar fenómenos o cuestiones relacionados con la disciplina, pero no con el propósito de explicar el porqué y el cómo de los fenómenos físicos que nos rodean, sino con el de promover ideas incoherentes y contradictorias a las explicaciones que la física da y ha dado tras aplicar el método científico, después de años e incluso siglos de experimentar y verificar las teorías físicas y de publicarlas en revistas científicas que siguen el rigor de las revisiones de expertos (*peer review*), realizadas por físicos anónimos desde un punto de vista estrictamente científico. Las publicaciones pseudocientíficas no siguen ese control de revisión y, por ello, sus explicaciones contradicen los hechos científicos consolidados y los resultados experimentales.

Los pseudocientíficos suelen aferrarse a una idea que la gran mayoría considera falsa y la elevan a creencia, aunque normalmente no tiene ninguna validez desde el punto de vista científico. Rechazan todos los argumentos, teorías y experimentos desarrollados aplicando el método científico que contradicen esa idea *pseudo* y lo hacen con argumentos más propios de dogmas de fe que científicos, lo que convierte un debate abierto y racional sobre el tema en una cuestión completamente irracional. Esas personas, a menudo con poca formación científica, sobreestiman sus propios conocimientos y habilidades y subestiman los de los físicos y otros científicos, que han tenido que trabajar mucho para obtener un doctorado y lograr publicar en revistas indexadas que siguen el método de revisión *peer review*. Muy a menudo, comparan las críticas razonadas de los físicos a sus ideas con las que recibieron los personajes del pasado que dieron pie a cambios de paradigma y a revoluciones científicas, como Galileo, Copérnico o Einstein, entre otros, quienes, en un principio, también fueron cuestionados por sus ideas. De hecho, un argumento muy frecuente es que sus ideas, que son las verdaderas, son cuestionadas y ocultadas por responsables de planes secretos mundiales, promovidos por gobiernos y sectores empresariales muy poderosos que esconden la realidad y pagan a los científicos para hacer ciencia a la carta. Dos elementos comunes entre los pseudofísicos son el uso erróneo y confuso del lenguaje físico y que se aferran a una anomalía (un dato atípico [*outlier*] de un experimento, por ejemplo) para cuestionar toda la teoría.

Aun así, la pseudociencia, y también la pseudofísica, que aquí nos ocupa, terminan teniendo mucho éxito en determinados sectores de la sociedad, que las siguen y encuentran en sus argumentos la auténtica verdad.

LAS ESTELAS DE LOS AVIONES: NUBES ANTRÓPICAS VERSUS EL COMPLOT DE LOS *CHEMTRAILS*

Si miramos el cielo un día cualquiera, es muy posible que veamos cómo detrás de un avión que lo cruza aparece un rastro blanquecino. A veces es muy corto y enseguida se disipa, otras dura unas cuántas horas y se expande por el cielo. En inglés, ese rastro se llama *contrail*, de la contracción de *condensation trail* (en castellano, «estela de condensación»), que ya deja entrever de qué se trata: un rastro de condensación, el que deja el vapor de agua que expulsa la turbina y que se sublima en cristales de hielo o bien se condensa en gotitas.

Sin embargo, hay teorías pseudocientíficas que cuestionan esa explicación y argumentan que ese rastro, que llaman *chemtrail* (del inglés *chemical trail*, «rastro químico»), es fruto de proyectos secretos, generalmente gubernamentales, conocidos por una élite minoritaria, que tienen objetivos muy diversos: controlar a la población fumigándola con productos químicos o biológicos, controlar el clima del planeta o interferir en las comunicaciones. Otros colectivos afines a esa teoría de la conspiración adaptan su razonamiento y sostienen que, efectivamente, las estelas de los aviones no son vertidos de sustancias químicas y, por lo tanto, no son *chemtrails*, sino *contrails*, nubes formadas por pequeños cristales de hielo, resultado de proyectos de geoingeniería que pretenden modificar el clima terrestre para reducir los efectos del cambio climático, pero, en cambio, provocan sequías en determinadas regiones del planeta.

La comunidad científica ha incidido varias veces en la falta de pruebas que aporten una base científica a la teoría de los *chemtrails* y que indiquen que estos forman parte de un plan para fumigar a la población o regular el clima. Varias organizaciones científicas, entre las que se encuentran la NASA y la NOAA, ambas estadounidenses, ya publicaron en 2000 un trabajo para contrarrestar el aumento de personas que creían en las teorías de la conspiración y los *chemtrails*.

Los físicos conocen muy bien el mecanismo que forma las estelas de los aviones. En la turbina se produce la combustión del combustible y se expulsan dióxido de carbono, entre otros gases, vapor de agua y partículas pequeñas. El vapor de agua se enfría rápidamente al salir y se condensa o se sublima sobre las partículas expulsadas, los denominados núcleos de condensación. Generalmente, tiene lugar un proceso de sublimación, ya que a la altitud a la que suelen volar los aviones, por encima de los 6.000 m, la temperatura del aire siempre es negativa, de manera que las partículas expulsadas cristalizan en el sistema hexagonal y se forman plaquitas y agujas. En niveles inferiores, donde la temperatura es positiva, el vapor de agua se condensa y se forman minúsculas gotas de agua.

Una vez formado el cristal de hielo o la gotita de agua, su permanencia en la atmósfera depende, fundamentalmente, de las condiciones de temperatura y humedad que tenga el aire. Para que se forme una estela, por ejemplo, debe estar por debajo de -40 °C. Si tiene una temperatura superior, el cristal de hielo tenderá a evaporarse, más rápido cuanto más «caliente» sea el aire. De la misma manera, cuanto más seco sea el aire a ese nivel de la atmósfera, más se favorece la evaporación del cristal o la gotita formada. En un ambiente relativamente húmedo, tanto la gotita como el cristalito pueden tener un tiempo de permanencia superior. Cuando la temperatura y la humedad son óptimas, el tiempo de permanencia puede alargarse varias horas e incluso un día. Un ambiente seco impide la dispersión de los cristales de las estelas. Para que se expandan, el aire debe tener una temperatura inferior a -43 °C y una humedad relativa superior al 70% con respecto al hielo. En consecuencia, el hecho de que haya días en que las estelas de los aviones aparecen con más facilidad en el cielo está regulado por las condiciones de temperatura y humedad del aire al nivel en el que vuelan los aviones.

Las estelas desempeñan un papel clave en el balance energético de la Tierra. Las nubes altas, formadas en la alta troposfera por cristales de hielo, cubren aproximadamente entre el 20 y el 30% de la superficie terrestre. El incremento del tráfico aéreo en las últimas décadas y las consiguientes estelas han contribuido en un 0,5% al aumento de esa cubierta de cristales de hielo alrededor del planeta y, así, a una modificación del balance energético de la Tierra de entre un 0,2 y un 0,3 °C por década.

Aunque la física explica a la perfección la formación de esas nubes que crean los aviones e incluso puede pronosticar si se formarán, se extenderán o se evaporarán rápidamente, un trabajo mostró en 2016 que, a escala internacional, casi el 17% de la población cree en la existencia de planes secretos de ámbito global asociados a los *chemtrails* o a la geoingeniería. El número de páginas web sobre esa temática se ha multiplicado en los últimos años, así como los artículos y los foros de debate. Con el objetivo de conocer la opinión de la comunidad científica respecto a la cuestión, ese trabajo preguntó al grupo de físicos de la atmósfera más prestigiosos a escala internacional y, de los 77 entrevistados, 76 afirmaron que no había pruebas de planes de conspiración ni de la existencia de *chemtrails*. El 99% de los científicos más relevantes afirman que los *chemtrails* no son más que nubes alargadas compuestas por agua en forma de cristales de hielo.

¿En qué se fundamentan los pseudofísicos para tener tan claro que los *contrails* no son nubes? Pues en varias argumentaciones. La primera es que su formación es reciente, desde los años ochenta en adelante. Sin embargo, eso no es así: la primera referencia sobre la observación de estelas de aviones data de 1919. Entre los años 1914 y 1919, las aeronaves comenzaron a alcanzar altitudes correspondientes a las capas medias y altas de la troposfera y se empezaron a documentar las primeras descripciones de una franja de aproximadamente 50 km de longitud formada por estructuras atribuidas a grupos de vórtices. Se observaron partes de un halo de 22° alrededor del disco solar por donde pasaba la estela, lo que demostraba que estaba compuesta por cristales de hielo con forma de prismas hexagonales.

Los físicos ya consideraron en 1921 la posibilidad de que el vapor de agua emitido por la combustión del combustible causara una sobresaturación respecto al agua líquida y condujera a la formación de nubes. La emisión de polvo y partículas finas de la turbina de los aviones, que facilitaría que se formaran núcleos de condensación sobre los que se condensaría el vapor de agua, se propuso como mecanismo para explicar la sobresaturación respecto al hielo.

Durante la Segunda Guerra Mundial, el tráfico aéreo se intensificó debido a los aviones de combate y hubo más observaciones de estelas. En fotografías de esa época ya se aprecian las de los aviones bombarderos.

Los pseudofísicos también suelen argumentar que a veces se observan dos aviones volando, uno de los cuales genera una gran estela, y el otro, ninguna. Y eso es así. Efectivamente, no es extraño observar dos aviones que cruzan el cielo de manera simultánea y ver que solo uno deja rastro. La explicación que da la física es que dos niveles atmosféricos pueden tener, y de hecho tienen, características de temperatura y humedad muy distintas, de manera que, en el caso de un avión que, por ejemplo, vuela a 9.500 m de altitud, donde la temperatura es inferior a -43 °C, y con una humedad elevada, la estela se mantiene y se expande, mientras que, por ejemplo, 2.000 m más abajo, a 7.500 m de altitud, las condiciones de temperatura y humedad pueden ser desfavorables a la formación de estelas. Desde el suelo, no es sencillo calcular la altitud a la que vuela un avión ni tampoco discernir si dos aviones lo hacen al mismo nivel, por ejemplo, si uno vuela a 9.500 m de altitud y el otro a 7.500 m. En cambio, en esos dos niveles, las condiciones atmosféricas pueden ser muy distintas.

El rastro que a veces dejan algunos aviones son nubes, formadas por procesos físicos bien conocidos.

LA TIERRA ES PLANA: LOS TERRAPLANISTAS

Aunque parezca mentira, en los últimos años el número de adeptos que creen que la Tierra es plana ha aumentado mucho, hasta el punto de que se organizan congresos para hablar de esa cuestión. Los «terraplanistas» —así es como ellos mismos se definen— creen eso, que la Tierra es plana y que los gobiernos del mundo, así como las universidades y centros de investigación, nos han estado engañando, y aún lo hacen, haciéndonos creer que la Tierra es esférica, pero en realidad es totalmente plana.

La idea no es nueva. En 1956 se fundó la Sociedad Internacional de la Tierra Plana (en inglés, International Flat Earth Society), que ha estado más o menos activa hasta la actualidad.

El movimiento moderno en favor de que la Tierra es plana apareció a mediados del siglo XIX a partir de una interpretación literal de varios pasajes de la Biblia. Según esas interpretaciones, la Tierra es un disco plano centrado en el polo Norte y cerrado en el polo Sur por un muro de hielo que lo rodea. La Luna, el Sol, los planetas y las estrellas se mueven alrededor de ese disco, situados a algunos cientos de kilómetros. Esa interpretación moderna sorprende, ya que la concepción esférica de la Tierra estaba bien asentada desde la época antigua. Incluso en la oscura Edad Media, las principales ramas del cristianismo aceptaban que la Tierra era esférica, eso sí, ella era el centro del mundo y los planetas y el Sol orbitaban a su alrededor.

Después de la Primera Guerra Mundial, el número de seguidores de la tesis de que la Tierra es plana decayó, pero, a partir de mediados del siglo XX, y sobre todo con la aparición de las redes sociales, la idea ha vuelto a coger fuerza y tiene muchos adeptos, sobre todo en Estados Unidos. Algunos de ellos son personajes conocidos (actores, deportistas, políticos, etcétera).

Las razones que dan esos seguidores para justificar que la Tierra es plana son científicamente erróneas y van en contra de siglos de experimentación y prueba científica en el campo de la física. Cuando no puede argumentar el funcionamiento de una Tierra plana con alguna observación empírica, este colectivo suele recurrir al complot, al trucaje de imágenes por parte de gobiernos e instituciones que forman parte del «sistema». Según los terraplanistas, las agencias espaciales, en especial la NASA, manipulan las imágenes del espacio exterior y son el principal cómplice para ir contra Dios.

Según los terraplanistas, los límites de la Tierra plana no los conoce nadie; por eso los gobiernos han firmado un acuerdo para no explorar la Antártida, ya que ese continente está situado en el borde del disco terrestre. Los mares y océanos no se desbordan por los lados gracias a las montañas de hielo que hay allí, justo en la periferia. Pero, paradójicamente, para poder explicar las mareas, recurren a las cascadas periódicas de agua por esos bordes del disco..., porque, según ellos, la fuerza de la gravedad no existe, es una ilusión creada por una aceleración constante vertical del disco terrestre.

La salida del Sol, la existencia de las estaciones del año o las fases de la Luna, entre otras interminables pruebas empíricas, no son argumentos que saquen a los terraplanistas de la idea de que existe una gran conspiración mundial para justificar que la Tierra es esférica y desacreditar que es plana; suelen utilizar razonamientos físicos sesgados, incompletos, para responder a sus intereses. Por ejemplo, la observación de montañas lejanas, como la isla de Mallorca desde Barcelona, que técnicamente sería imposible debido a la curvatura de la Tierra, se utiliza como argumento en defensa de una Tierra plana. Evidentemente, la refracción de la luz permite explicar a la perfección por qué los objetos lejanos son visibles en determinadas ocasiones y no en otras.

Es interesante hacer una búsqueda en Internet para conocer, con estupefacción, los argumentos pseudocientíficos que este colectivo utiliza para justificar que vivimos en una Tierra plana y ver cómo los moldea para responder a los argumentos sólidos de la física.

LAS RADIACIONES DEL MÓVIL Y LAS WIFIS

Cuando se pusieron en marcha las primeras locomotoras y el transporte ferroviario empezó a implantarse, hace ya más de ciento cincuenta años, hubo quien advirtió de que el cuerpo humano no estaba preparado para moverse a las elevadas velocidades que alcanzaba el tren, que no podía ser bueno para la salud humana desplazarse a velocidades cercanas a los 80 km/h.

Con determinadas radiaciones electromagnéticas ocurre algo similar. Las antenas wifi de los *routers* domésticos están en el punto de mira de algunas personas que pronostican que son poco saludables para el ser humano. Es cierto, no obstante, que algunas radiaciones electromagnéticas pueden ser perjudiciales. Sin ir muy lejos, está demostrado que la radiación gamma, los rayos X o la radiación ultravioleta, sobre todo la de tipo B (UVB) pueden provocar mutaciones en el ADN y, por lo tanto, generar diversos tipos de cáncer. Son radiaciones denominadas ionizantes. Por suerte, esas radiaciones, que provienen del Sol, son detenidas en su mayor parte en la ionosfera (los rayos gamma y los rayos X) y en la estratosfera (los rayos UVB).

Las antenas wifi domésticas suelen emitir una radiación de 2,4 GHz, que corresponde a una radiación de microondas dentro del espectro electromagnético. Esas ondas son no ionizantes, es decir, no tienen energía suficiente para romper enlaces atómicos o moleculares y menos aún para penetrar en el interior de las células y modificar la estructura de su ADN. No hay ninguna prueba científica rigurosa que demuestre que esa radiación cause cáncer o cualquier otra enfermedad. Aun así, la Organización Mundial de la Salud ha incluido, sin pruebas claras, los campos electromagnéticos elevados en el grupo 2B (agentes posiblemente cancerígenos), por debajo del grupo 2A (agentes probablemente cancerígenos), donde se encuentran la carne roja y la procesada. Comer un bistec o embutidos a menudo presenta un riesgo mucho mayor que tener la wifi conectada permanentemente o utilizar el teléfono móvil a diario.

La potencia máxima de los *routers* domésticos suele ser de pocos mW, y la de los teléfonos móviles, de unos pocos vatios. A una distancia de 20 cm (un palmo) de un *router* doméstico estándar de 5 mW de potencia, la intensidad que se registra es de unos 10 mW/m^2 y, a 1 m de la antena del *router*, la potencia sobre 1 m^2 de superficie es de cerca de $0,0004 \text{ W/m}^2$. Son cifras muy bajas que garantizan la seguridad para la salud. Según el Real Decreto 1066/2001, que establece el límite máximo de exposición a radiación de esa potencia en entornos residenciales, la dosis máxima permitida sobre un organismo no debe superar los 10 W/m^2 (para una frecuencia de entre 2 y 300 GHz; la de los *routers* residenciales es de unos 2,4 GHz). Es decir, a 1 m del *router*, la radiación que llega (0,0004 W/m^2) es más de mil veces inferior a la máxima admisible para un organismo vivo, según la legislación vigente.

VIAJEROS DEL FUTURO

Entre nosotros, sostienen algunas personas, existen viajeros que vienen del futuro. No se quieren dar a conocer y tienen una misión que nadie conoce exactamente. Hay quien afirma que son turistas del futuro. Los seguidores de esa idea pseudocientífica no dudan que los viajes a través del tiempo son posibles, que existen máquinas del tiempo que permiten ese tipo de desplazamiento. Y lo justifican tomando como base la teoría de la relatividad y la existencia de agujeros de gusano.

En efecto, viajar en el tiempo podría ser teóricamente posible, como describe la teoría de la relatividad. Para un pasajero de una nave que viaje a velocidades cercanas a la de la luz en el vacío, el tiempo pasará más despacio que para las personas que permanezcan en reposo. Lo mismo le ocurrirá a una persona sometida a una gravitación intensa con respecto a otra que se encuentre en un campo gravitatorio más débil. Eso permite, teóricamente, viajar al futuro. Recordemos, por ejemplo, la paradoja de los gemelos o el viaje de los muones, descritos en la teoría de la relatividad del capítulo 3. Los viajes al futuro están comprobados y aceptados por la comunidad física.

Pero ¿y al pasado? Es ahí donde la teoría es más restrictiva y hay más controversia. La mayoría de los físicos consideran que los viajes al pasado son imposibles, sobre todo por las distintas situaciones causales que habría que resolver, como el hecho de que un viajero vaya al pasado y mate a sus progenitores. Por otra parte, la prueba experimental de una ausencia de viajeros que vengan del futuro es otro de los argumentos en contra de esos viajes. El mismo Stephen Hawking sugirió que el hecho de que no nos hayan visitado turistas del futuro es un argumento que apunta contra esos viajes. Los pseudocientíficos rebaten esa idea arguyendo que los viajeros no se manifiestan, que están entre nosotros sin darse a conocer, ocultos. Algunos son simplemente turistas.

La imposibilidad de ir al pasado les quita gracia a los viajes temporales: ir al futuro, tomar nota del número ganador de la lotería y regresar al pasado para comprarlo parece que violaría, según algunos físicos, algunos de los principios más básicos de la física. Una partícula que viajara del presente a un minuto antes, por ejemplo, desaparecería instantáneamente justo ahora y reaparecería de repente un minuto después (que también podría ser ahora mismo: una partícula que viene del futuro). La desaparición y la aparición repentinas de materia entran en contradicción con el principio de conservación de la energía; y, además, no queda claro que la partícula haga ese viaje por el espaciotiempo. En las películas de ciencia ficción, la gente viaja por un ente que denominan hiperespacio, del que no hay ninguna prueba física. Por lo tanto, para buena parte de los físicos, los viajes al pasado son imposibles.

Sin embargo, estrictamente hablando, la teoría de la relatividad permite la existencia de bucles temporales compatibles con viajes hacia atrás en el tiempo, a través de los denominados agujeros de gusano, una singularidad de densidad extrema que es capaz de romper el espaciotiempo y conectar regiones situadas a miles de años luz de distancia en un espaciotiempo curvado. Es como un agujero que conecta dos zonas de una hoja doblada. De los tres tipos de agujeros de gusano descritos en la teoría de la relatividad de Einstein, los agujeros de gusano de Lorentz son unas estructuras teóricas del espaciotiempo, no detectadas experimentalmente ni vinculadas a ningún proceso físico. Viajar a través de esas singularidades del espaciotiempo no entraría en contradicción con paradojas como la de regresar al pasado y eliminar a los progenitores del viajero, ya que un posible viaje a través de esos agujeros de gusano no haría que el viajero llegara a su propio pasado, sino que lo hiciera una fracción de segundo después de su partida. Desde que se formuló la teoría de la relatividad, hace más de cien años, no se han detectado los agujeros de gusano de Lorentz. Con los datos actuales, parece poco probable que se pueda viajar a través de esas estructuras y, por lo tanto, que nos visiten seres del futuro.

La videncia del futuro

Leer las líneas de las manos, analizar unas cartas, estudiar los posos del té en el fondo de una taza o frotar una bola de cristal y ver lo que nos muestra son algunos de los métodos habituales que utilizan los denominados videntes para ver el futuro. Se supone que las personas clarividentes tienen una percepción extrasensorial que les permite recibir información de acontecimientos que ocurrirán en el futuro o bien que han sucedido en el pasado. Esos actos de clarividencia contradicen las leyes de la física. Hay tres aspectos clave para que eso no sea posible físicamente. En primer lugar, la existencia del futuro real físico. Las leyes de la física permiten pronosticar el movimiento de los cuerpos y prever la posición y velocidades que tendrán en el futuro. Eso hace posible, por ejemplo, pronosticar los eclipses. Sin embargo, desde un punto de vista físico, el eclipse no existe y, por lo tanto, no se puede visualizar realmente. Conocidas la posición y la velocidad en un momento inicial, por ejemplo, de un cohete y del planeta Marte, podemos saber en qué punto del planeta aterrizará el cohete, qué día, a qué hora y en qué minuto del futuro. No obstante, ese aterrizaje no ha tenido lugar y, por lo tanto, no se puede visualizar.

Sin embargo, supongamos que el futuro existe, que existe físicamente un acontecimiento futuro que una vidente es capaz de percibir. Si aceptamos ese imposible, se nos plantean dos hechos que también son imposibles. En primer lugar, el medio de transmisión del acontecimiento a la vidente. Para que un acontecimiento sea observable, es necesario que algún tipo de entidad material se transmita desde la fuente (el acontecimiento) hasta el observador (la vidente). Debe existir alguna clase de partícula material o señal (onda, radiación...) que se propague del futuro al presente. Para que eso sea posible, el momento lineal y la energía de la partícula transmisora deben tener el componente temporal negativo y eso, según la teoría cuántica de campos, implicaría la aparición de antipartículas que se aniquilarían en entrar en contacto con las partículas. ¡La vidente explotaría!

Por otro lado, aun asumiendo que una partícula proveniente del futuro pudiera propagarse por el espacio, la vidente debería ser capaz de detectarla y de reconstruir la información que transporta. Los sentidos como la vista o el oído pueden traducir en impulso nervioso una partícula o una radiación para que el cerebro las interprete. Por lo que se sabe hasta ahora, no hay ningún sentido ni ninguna estructura cerebral humana que pueda detectar esas antipartículas provenientes del futuro y traducirlas en una corriente nerviosa que el cerebro pueda interpretar.

MUNDOS EXTRASENSORIALES: LA FÍSICA CUÁNTICA LO EXPLICA TODO

El mundo de lo paranormal ha descubierto la física cuántica. Seguramente, el hecho de que la física cuántica viole el sentido común y la experiencia cotidiana ha contribuido a que los pseudocientíficos hagan un mal uso de ella para justificar ciertos fenómenos que ellos denominan paranormales.

El mundo de la cuántica está determinado por una distribución de estados discretos, por probabilidades e incertidumbres, lo que a la pseudociencia le va muy bien... La realidad cuántica se define a partir de una distribución de probabilidades, una suma de estados probables que se concretan a partir de la conciencia, cuando medimos u observamos la realidad. Si no la observamos, son posibles diversos estados simultáneos, distintas realidades pueden coexistir en comunicación instantánea. Recordemos la paradoja del gato de Schrödinger, que puede estar vivo y muerto al mismo tiempo dentro de una caja opaca, con un frasco de veneno que se puede liberar o no. La realidad es la suma de los dos estados de probabilidad: vivo o muerto. Es la función de onda cuántica. Solo al abrir la caja y observar (o medir) el sistema, la función de onda colapsa y el gato queda definido como vivo o muerto. Esa visión de la física cuántica es un terreno muy fértil para las especulaciones y las malas interpretaciones (involuntarias o malintencionadas) de la pseudociencia, que la utiliza para justificar fenómenos paranormales como la telequinesis, la telepatía, la percepción extrasensorial, los mundos paralelos, etcétera. Pongamos otro ejemplo. Analicemos la lotería desde la perspectiva cuántica. Antes del sorteo, el ganador está caracterizado por una función de onda compuesta por 100.000 estados (números), cada uno de los cuales tiene una probabilidad de existencia de 1 entre 100.000. Al realizarse el sorteo (medir y observar), se fija qué estado (número) de los 100.000 posibles se hace real. La función de onda colapsa y define el estado real. Ese argumento cuántico es el que utiliza la pseudociencia para justificar y explicar fenómenos extrasensoriales. La realidad está compuesta por distintos estados y el papel de un médium es clave para conectarlos, hacer colapsar la función de onda de los diferentes estados en uno y permitir que afloren mundos paralelos en el mundo real que conocemos.

Una vez más, se trata de un caso de apropiación de la física en un contexto equivocado. Lo que los pseudofísicos obvian es que los estados cuánticos y la función de onda, que es la superposición de estados cuánticos, tienen sentido en el mundo nanométrico del átomo, no en el mundo macroscópico cotidiano. La física cuántica es la física del mundo atómico. Los estados de probabilidad son consecuencia de la dualidad onda-partícula y la longitud de onda de De Broglie, que empieza a tener consecuencias relevantes a escalas atómicas, pero no en el mundo macroscópico cotidiano.

EL HORNO DE MICROONDAS

El uso de los hornos de microondas ha sido, y es, cuestionado por algunas personas y colectivos por los daños que, según ellos, pueden ocasionar a las personas que estén cerca de esos electrodomésticos cuando están en marcha. Esos hornos funcionan generando ondas estacionarias dentro del espectro de las microondas (frecuencias comprendidas entre 300 MHz y 30 GHz); concretamente, emplean una frecuencia de 2,45 GHz. Las microondas son una radiación no ionizante, con una energía que no puede romper enlaces atómicos ni dañar la estructura del ADN. Las microondas son poco penetrantes; de hecho, la función de las ondas generadas en el interior de los hornos de microondas no es penetrar en los organismos, sino hacer vibrar las moléculas del agua que contiene el alimento o el líquido que pretendemos calentar. El funcionamiento es muy simple. La frecuencia de resonancia de la molécula de agua se encuentra en los 2,45 GHz. Cuando una radiación de microondas oscilante incide sobre una molécula de agua, la hace oscilar energéticamente, lo que provoca que libere calor y caliente el alimento. Es parecido a lo que sucede con un columpio. Si lo empujamos coincidiendo con su frecuencia natural de oscilación, la amplitud del balanceo irá aumentando poco a poco y también lo hará su energía.

El problema de los hornos de microondas es su nombre: horno de radiación de microondas. Todo lo que lleva el nombre «radiación» se asocia, generalmente, con un elemento negativo. Y no es así. Me pregunto qué ocurriría si los hornos convencionales se llamaran como lo que son:

hornos de radiación de infrarrojos. ¿Estarían también bajo la sospecha de ser un peligro para la salud?

Y, en ningún caso, ninguno de los dos mecanismos para calentar o cocinar alimentos representa ningún tipo de peligro para los cocineros ni para sus usuarios.

EL HORÓSCOPO: PREDICCIÓN DEL FUTURO
Y PREDETERMINACIÓN DEL CARÁCTER

Basta con hacer una lectura rápida de la sección de los horóscopos de algunos periódicos (sorprende que algunos aún incluyan esa sección) y revistas y comparar entre sí las predicciones que hacen los astrólogos en función de la posición de las constelaciones y los planetas en el cielo para darse cuenta de que la astrología no tiene ninguna base científica, por mucho que su discurso se apropie del de la física. A quienes son de signo Tauro, por ejemplo, un astrólogo puede recomendarles no salir a buscar trabajo porque no lo encontrarán, mientras que otros pueden animarlos porque es su semana de suerte.

Una constelación es un conjunto de estrellas agrupadas bajo el criterio subjetivo de un individuo, que ve en ella un determinado dibujo. Las estrellas que la forman no tienen ninguna relación entre ellas, ya que por lo general están muy alejadas unas de otras. Desde la Tierra las vemos como si estuvieran en el mismo plano, pero en realidad distan mucho entre sí. Los dibujos que forman las constelaciones del zodiaco, en las que se basa la astrología, se remontan a las épocas griega y romana y corresponden a diosas, dioses y escenas de esos tiempos. Lo que conocemos como la constelación de Casiopea, porque así lo veían nuestros antepasados, hoy podría ser la constelación del iPhone.

Según los astrólogos, la constelación que se encuentra visible en el cielo, es decir, ese dibujo arbitrario que vieron nuestros antepasados hace miles de años, formado por estrellas que no tienen ninguna relación entre sí y que están a años luz de distancia las unas de las otras, influye en el carácter de las personas, sobre todo en el momento del nacimiento. Algunos argumentan que, como el cuerpo humano es agua en su práctica totalidad, la configuración con más o menos estrellas y su distribución en el dibujo de las constelaciones generan una fuerza de atracción gravitatoria sobre el agua del bebé en el momento del nacimiento, lo que le provoca una distribución concreta de agua en el cerebro y determina su carácter. Posiblemente, esa argumentación es fruto de un intento de justificar lo que es injustificable: que la posición de las estrellas influye en el carácter de las personas.

La estrella más cercana a la Tierra es Alfa Centauro, situada a una distancia de nosotros de 4,36 años luz, unos 10^{13} km, y con una masa de unos 10^{30} kg. La fuerza gravitatoria que ejerce sobre la cabeza de un bebé, de gramos de masa, es de unos 10^{-12} N, una fuerza pequeñísima, unas 10^6 veces inferior a la que ejerce la matrona que asiste el parto.

La fuerza de la gravitación para justificar la influencia de los astros en las personas a menudo se compara con la de la Luna. Si la fuerza de la gravitación que la Luna ejerce sobre la Tierra es capaz de desplazar toneladas y toneladas de agua de los mares y los océanos para generar las mareas, ¿cómo no ha de hacerlo sobre el agua de las personas y determinar así su carácter? La diferencia fundamental radica en el método. No se ha demostrado que las personas que hayan nacido en luna llena tengan un carácter determinado, distinto del de las que han nacido en cuarto menguante, en cuarto creciente o en luna nueva; por lo tanto, la hipótesis queda descartada. Científicamente, no hay ninguna relación entre la gravitación o la fase de la Luna y el carácter de las personas. Sin embargo, la Luna sí tiene influencia en los bosques y la actividad nocturna de determinados animales y vegetales. Las noches de luna llena hay más actividad de gusanos e insectos por la iluminación que esta genera, mientras que las noches de luna nueva la actividad es mucho menor.

Pulseras magnéticas

Estuvieron de moda hace unos años y vuelven de vez en cuando. Las denominadas *power balance* son unas pulseras que, según su fabricante, aumentan la fuerza, el equilibrio y la flexibilidad de las personas que las llevan en la muñeca, gracias al holograma que incorporan y al campo magnético asociado, que «entra en resonancia y responde al campo de la energía natural del cuerpo». Como de costumbre, el uso inapropiado de términos físicos que no dicen nada es la base de la pseudociencia. No existe nada más que energía cinética y potencial; el concepto de energía natural del cuerpo no aporta ninguna información. En cuanto a la resonancia, haría falta que el campo magnético fuera oscilante y tuviera el mismo valor que la frecuencia natural de algún sistema. ¿Pero cuál? Si se refiriera a las moléculas de agua del cuerpo humano, como ya se ha comentado en el caso de los hornos de microondas, esa frecuencia natural es de 2,4 GHz. Un campo magnético no entraría en resonancia con ella, sino que lo haría un campo eléctrico. Y lo que tienen las pulseras es un pequeño imán. Por otra parte, no hay ningún mecanismo ni ningún transmisor que interactúe con el cerebro del portador y le permita adquirir las habilidades que la pulsera dice proporcionar.

La propia empresa que las fabrica y distribuye, después de que varias oficinas en defensa del consumidor las cuestionaran, reconoció que «no existe ninguna prueba científica que sostenga los beneficios publicitarios del producto». Más aún, un estudio riguroso realizado en 2010 por la Universidad Politécnica de Madrid demostró que las pulseras no mejoran ni la fuerza, ni el equilibrio, ni la flexibilidad.Durante los primeros años del siglo XXI, estas pulseras se vendían en farmacias de todo el país. Al lado de los productos de homeopatía.

Teoría de los ovnis

Los ufólogos (personas que estudian los denominados UFO, del inglés *unidentified flying object*, o, en castellano, ovnis, «objetos voladores no identificados») están convencidos de que seres extraterrestres nos han visitado, están entre nosotros e incluso tienen una base en la cara oculta de la Luna. Esos seres extraterrestres viajan en platillos voladores. Según los ufólogos, hay muchas personas que han visto alguno, existen fotografías de esos objetos voladores e incluso el Gobierno estadounidense tiene los restos de uno de esos seres extraterrestres, que recuperó de un ovni que se estrelló.

La física estima que, de todas las observaciones de ovnis que se han realizado, el 98% tienen una explicación lógica, basada en determinados fenómenos naturales. La confusión con el planeta Venus, que en una época concreta del año se muestra muy luminoso durante la puesta o la salida del Sol, es una de las causas de error. Como brilla tanto, a veces puede dar la sensación de que nos sigue cuando vamos en avión o en coche. La entrada en la atmósfera de rocas extraterrestres, los meteoritos, a menudo es muy violenta, lo que hace que se calienten y emitan mucha luz y que se tomen por naves de fuera de la Tierra que aterrizan más allá del horizonte. Las tormentas eléctricas; los fenómenos ópticos de la atmósfera; las nubes lenticulares redondeadas por el viento en la parte media de la troposfera, que pueden permanecer estáticas durante horas y tienen forma de plato; la acumulación de gases, sobre todo en épocas de inversión térmica, que pueden quedar estratificados flotando en el aire gaseoso y ser incandescentes; las auroras boreales; los globos, y las sondas meteorológicas son otras confusiones habituales.

Pero ¿qué ocurre con el 2% restante? Pues que no tienen una explicación clara y, por ello, reciben la calificación de no identificados. Pueden ser artefactos terrestres secretos, de algún ejército de los muchos que hay en la Tierra, que ningún país reconoce como propios. O bien pueden ser invenciones fruto de la picaresca de personas que, quién sabe por qué razón, quieren difundir el fenómeno de los ovnis. Las personas que dicen haber visto ovnis describen movimientos que violan las leyes de la física. Comúnmente, sostienen que los platillos voladores trazan una especie de zigzag en el aire. Según la tercera ley de Newton, esos movimientos solo se podrían explicar por la existencia de alguna clase de tubos de escape que expulsaran algún tipo de gas a una velocidad muy elevada para generar una reacción capaz de hacerlos girar rápidamente. Las fotografías que aportan esos testigos no muestran ningún tipo de estela y, aunque lo hicieran, la velocidad de salida del gas tendría que ser elevadísima para producir esos giros rápidos en zigzag.

Por otra parte, no obstante, hay científicos, como el físico Carl Sagan, que sí creen que algunas de las observaciones de ovnis pueden corresponder a naves extraterrestres. Una civilización avanzada podría construir naves espaciales de antimateria y dominar la tecnología para poder viajar por agujeros de gusano y, por lo tanto, desplazarse a grandes distancias. En ese sentido, sí es posible la visita de una civilización extraterrestre a la Tierra, pero no hay ninguna justificación para que viajen en grandes naves o en platillos voladores ni para que se escondan.

Telequinesis: mover objetos con la fuerza de la mente

Mover objetos sin tocarlos, como hace Eleven (traducida como Once o Ce) en la serie *Stranger Things*, únicamente concentrándose y usando la mente, es lo que en paraciencia se conoce como telequinesis. Hay trucos muy buenos que forman parte de espectáculos de magia, en los que un mago es capaz de desplazar objetos sin tocarlos, hacerlos levitar o doblarlos..., pero son juegos de manos complejos con un mecanismo físico detrás. No forman parte de la pseudociencia, por lo que no hay nada que objetar. El resto, los que se pueden encontrar en vídeos de YouTube o en películas de ciencia ficción, en los que una persona es capaz de mover objetos con la fuerza de la mente, son los que físicamente son imposibles. No hay evidencias científicas de esos casos.

Los que defienden la telequinesis lo hacen tomando como base dos argumentos. El primero se sustenta en una creencia mágica, un sentido especial que no pueden explicar, que les permite a algunas personas mover objetos con la mente. Desde el punto de vista de la biología, ese sentido adicional no se ha detectado. El otro argumento se basa en la capacidad de concentrar la energía del cuerpo para trasladarla a los objetos; no obstante, en ningún caso se describe nada más: ni qué tipo de energía es la que algunas personas podrían concentrar ni, lo que es más importante, de qué manera se transmite esa hipotética concentración de no se sabe qué energía corporal al objeto que se pretende mover. A veces se aduce que las personas con telequinesis pueden gestionar los campos eléctricos y magnéticos producidos por el cuerpo humano para lograr mover objetos, como hacen, por ejemplo, una varilla de plástico cargada eléctricamente cuando atrae papelitos o el peine con el cabello. Lo llaman magnetismo corporal. Supongamos que eso fuera posible, que una persona pudiera concentrar carga eléctrica o bien alinear el espín magnético de moléculas de su cuerpo para crear un imán. De ser así, estaría modificando la organización molecular de su cuerpo, con lo que se observarían efectos visibles en él o en las partes donde se concentraran las cargas o se alinearan los espines de las moléculas.

Por otra parte, concentrar cargas o alinear moléculas requiere energía. Harían falta miles de julios para poder hacerlo, una energía que tendría que salir de algún lugar del cuerpo para mantener el principio de conservación de la energía. Y, además, el objeto que se pretendería mover tendría que estar cargado eléctricamente o bien ser magnético y, por lo que se desprende de los vídeos y documentales, los objetos en cuestión no tienen esas características. Pero, además, tanto el campo eléctrico como el magnético disminuyen rápidamente con la distancia, de modo que si, por ejemplo, un dedo tuviera una concentración de carga eléctrica o una orientación específica de las moléculas, los posibles campos asociados se debilitarían tan deprisa que sería imposible que actuaran a distancia, ya que las intensidades se reducirían de manera drástica (por ejemplo, el cuadrado de la distancia). Como es habitual en la pseudociencia, sus seguidores adoptan partes de la ciencia y se apropian de ellas para justificar los fenómenos. En este caso, argumentan que el cerebro humano produce campos eléctricos y magnéticos, lo que es cierto. Lo que no dicen es que son tan débiles que difícilmente pueden detectarse a 1 cm por encima de la cabeza. Solo unos sensores colocados sobre ella son capaces de registrar esos campos electromagnéticos cerebrales.

Sin embargo, la telequinesis sí existe en realidad. La tenemos entre nosotros a diario y de manera permanente. No olvidemos que el átomo está formado por un núcleo que concentra la carga positiva y una nube de electrones que orbitan alrededor de él. Cuando dos objetos entran en contacto, en el fondo no se tocan, ya que los electrones de la nube electrónica se repelen entre sí. Cuando tocamos una moneda con el dedo, por ejemplo, el dedo no ha tocado la moneda. Los electrones externos del dedo y de la moneda han interactuado a una distancia muy corta, repeliéndose, sin que haya habido contacto físico. En ese sentido, la telequinesis existe, pero no como se muestra en las películas fantásticas.

TELEPATÍA: TRANSMISIÓN DE INFORMACIÓN
DE CEREBRO A CEREBRO

La transmisión de información de cerebro a cerebro a distancia, el fenómeno que se conoce como telepatía, ha sido un recurso muy común en la ciencia ficción. Algunos de los superhéroes de Marvel, los Pokémon, los personajes de *Star Trek*, los Jedi de *La guerra de las galaxias* o, más recientemente, Eleven de *Stranger Things*, son algunos ejemplos. Además de la ciencia ficción, la telepatía tiene muchos seguidores, que basan su existencia como fenómeno en conceptos de la física para construir con palabras científicas un razonamiento erróneo, método muy común en la pseudociencia. En el caso de la telepatía, los conceptos de electromagnetismo, ondas eléctricas y mecánica cuántica se utilizan de manera imprecisa y controvertida para explicar mecanismos que podrían ser reales. Desde comienzos del siglo XX, se han llevado a cabo muchos experimentos científicos rigurosos para averiguar si la telepatía es un fenómeno real. En ningún caso se ha obtenido un resultado científicamente válido que permita afirmar que existe y puede dejar de formar parte de la pseudociencia.

La telepatía consiste en la transmisión de contenido cerebral (imágenes, pensamientos...) entre dos o más cerebros humanos sin el uso de ningún medio físico. Precisamente, la principal razón para cuestionarla como fenómeno posible desde un punto de vista físico es ese mecanismo desconocido de transmisión de la información cerebral. El cerebro humano tiene cierta actividad electromagnética, debida al paso de corrientes eléctricas muy pequeñas a través de los nervios. Son impulsos electromagnéticos que se pueden detectar con sensores de alta sensibilidad colocados directamente sobre la cabeza, pero que no se detectan fuera de la piel. Si comparamos la red neuronal con cables por los que circula una corriente, los campos eléctrico y magnético asociados disminuyen con la distancia. Además, deben atravesar toda una barrera de piel y carne, razón por la cual no se han detectado fuera del contacto directo con la cabeza. Por otro lado, fisiológicamente no se ha detectado ningún órgano o parte del cerebro que pueda generar o recibir una onda electromagnética y, por lo tanto, emitir o recibir señales de ondas electromagnéticas, según afirman algunos defensores de ese mecanismo como transmisor de la telepatía.

El impulso de la física cuántica también ha proporcionado argumentos para defender la existencia de la telepatía, tomando como base el principio de entrelazamiento cuántico, que permite que dos átomos separados físicamente se mantengan unidos y puedan vibrar de forma simultánea, como si uno fuera el espejo del otro, como si entre ellos existiera un cordón invisible. Basándose en ese fenómeno cuántico, hay quien plantea la posibilidad de una especie de entrelazamiento de cerebros, de manera que estén conectados sin necesidad de ningún medio físico, como ocurre con dos átomos entrelazados. Cada átomo tiene una función de onda determinada y estas se encuentran correlacionadas. Cuando se realiza una medición, por ejemplo, sobre uno de los átomos, esa misma medición hace colapsar la función de onda asociada, que de manera instantánea provoca el colapso de la función de onda del otro átomo, que se encuentra separado. Ese efecto cuántico se ha detectado y estudiado, pero parece que el número máximo de entrelazamientos cuánticos es de tan solo unos pocos átomos y por ello se descarta la posibilidad de que todos los átomos de un cerebro estén entrelazados con los de otro.

Sin embargo, muchos investigadores piensan que en un futuro la capacidad de captar la información cerebral por medio de sensores colocados en la cabeza o incluso dentro del cerebro abrirá las puertas a poder ampliar esas señales y transmitirlas a distancia como señales electromagnéticas para activar sensores, como interruptores, e incluso para que las reciban personas con algún receptor implantado que les permita interpretarlas. No obstante, en ningún caso podría llevarse a cabo sin la ayuda tecnológica necesaria.

BIBLIOGRAFÍA

BAKER, Joanne. *50 cosas que hay que saber sobre física cuántica*. 1.º reimpr. Barcelona: Ariel, 2016.

BRYSON, Bill. *Una breve historia de casi todo*. Barcelona: RBA, 2004.

CZERSKI, Helen. *¿Por qué a los patos no se les enfrían los pies?: La física de lo cotidiano*. Barcelona: Paidós Ibérica, 2017.

FEYNMAN, Richard. *The Feynman lectures on physics* [en línea]. CalTech, 2013. https://www.feynmanlectures.caltech.edu/. Abril de 2020

— *El carácter de la ley física*. 2.º reimpr. Barcelona: Tusquets, 2015.

— *¿Está usted de broma, Sr. Feynman?* Madrid: Alianza Editorial, 2016.

— *Seis piezas fáciles: La física explicada por un genio*. Barcelona: Crítica, 2017.

FISHER, Len. *Cómo mojar una galleta*. Barcelona: Mondadori, 2003.

GOMBEROFF, Andrés. *Física y berenjenas: La belleza invisible del universo*. Barcelona: Debate, 2017.

GONICK, Larry; HUFFMAN, Art. *The cartoon guide to physics*. Nueva York: Collins, 1990.

GREENE, Brian. *El Universo elegante*. Barcelona: Crítica, 2006.

GUILLEN, Michael. *Cinco ecuaciones que cambiaron el mundo*. Barcelona: DeBolsillo, 2004.

HEWITT, Paul G. *Conceptual physics*. Essex: Pearson, 2015.

KAKALIOS, James. *La física de los superhéroes*. Barcelona: Ma Non Tropo, 2006.

KAKU, Michio. *Física de lo imposible*. Barcelona: Debate, 2009.

LEWIN, Walter. *Por amor a la física*. Barcelona: DeBolsillo, 2016.

LOZANO LEYVA, Manuel. *De Arquímedes a Einstein: Los diez experimentos más bellos de la física*. Barcelona: DeBolsillo, 2016.

MAZÓN, Jordi. *100 preguntes de física*. Valls: Cosetània, 2011.

TIPLER, Paul; MOSCA, Gene. *Física*. 2 vols. Barcelona: Reverté, 2008.